臭鼬工厂

75年尖端飞行器研发图史

[英] 詹姆斯·C.古道尔 著

翁玮 译

75 YEARS OF THE LOCKHEED MARTIN

SKUNK WORKS

民主与建设出版社

© 民主与建设出版社，2023

图书在版编目（CIP）数据

臭鼬工厂：75 年尖端飞行器研发图史 ／（英）詹姆斯·C.古道尔著；翁玮译 . -- 北京：民主与建设出版社，2023.6
书名原文：75 Years of the Lockheed Martin Skunk Works
ISBN 978-7-5139-4218-8

Ⅰ . ①臭… Ⅱ . ①詹… ②翁… Ⅲ . ①军用飞行器—研制—技术史—美国—图集 Ⅳ . ① V47-64

中国国家版本馆 CIP 数据核字（2023）第 092786 号

著作权合同登记图字：01-2023-3183

臭鼬工厂：75 年尖端飞行器研发图史
CHOUYOU GONGCHANG 75 NIAN JIANDUAN FEIXINGQI YANFA TUSHI

著　　者	［英］詹姆斯·C.古道尔
译　　者	翁　玮
责任编辑	宁莲佳
封面设计	王　星
出版发行	民主与建设出版社有限责任公司
电　　话	（010）59417747　59419778
社　　址	北京市海淀区西三环中路 10 号望海楼 E 座 7 层
邮　　编	100142
印　　刷	重庆长虹印务有限责任公司
版　　次	2023 年 6 月第 1 版
印　　次	2023 年 7 月第 1 次印刷
开　　本	889 毫米 ×1194 毫米　1/16
印　　张	29.5
字　　数	450 千字
书　　号	ISBN 978-7-5139-4218-8
定　　价	299.80 元

注：如有印、装质量问题，请与出版社联系

目 录CONTENTS

目录CONTENTS

题献

忆吾友——本·里奇先生

本·里奇全名本杰明·罗伯特·里奇（Benjamin Robert Rich），他在退休前曾担任洛克希德·马丁公司（以下简称"洛克希德公司"）旗下"臭鼬工厂"工作室的总裁。我和他保持书信往来已经有至少25个年头了，我们每个季度至少会见一次面，他也挺关心我的工作。在 SR-71"黑鸟"侦察机问世之前，其原型机 A-12"牛车"侦察机（编号：60-6931/128）就是在本·里奇的帮助下才得以进入明尼苏达空军卫队服役的。

1994 年圣诞节前夕，本·里奇因罹患食道癌被送往南加州大学医疗中心接受治疗，我一番打听之后得知情况不太乐观。作为朋友，我给他打了电话，对他的健康状况深表关切。电话中，我们聊了有关"臭鼬工厂"的很多事情，以及和我的亡友、测试者模型公司的模型设计师约翰·安德鲁斯（John Andrews）有关的一些回忆。此外，我们还谈到了一些关于"曙光女神"高超音速侦察机和不明飞行物的话题。然后不知为何，本·里奇突然煞有介事地向我说了一件事。他的原话如下：

吉姆，现在在沙漠地区（指的应该不是内华达州沙漠地区的"51 区"）正在发生一些超出你目前认知水平 50 年的事情，可能再过 50 年你也做不到，不过到时候你至少应该能看得明白了。吉姆，你看过《星球大战》（Star Wars）、《星际迷航》（Star Trek）这些电影吧，电影里很多在当时看来遥不可及的情节到现在都已经纷纷实现了。人类所做出的努力真的都是值得的吗？

我希望他能展开说说，不过他的回答却一如其一直以来的说话风格——只是淡淡应了一声："不了。"几周后，他就过世了。

一路走好，我的朋友。

吉姆·古道尔

站在 SR-71A（编号：61-7955/2006）驾驶舱内的本·里奇。地点：第 42 空军工厂 2 区。（图：洛克希德公司）

"臭鼬工厂"工作室现任副总裁兼总经理杰夫·巴比恩。（图：洛克希德公司）

XP-80 "流星" 战斗机

"流星"的衍生型号 F-94C 是一款全天候截击机。其原型机 F-94 首航于 1949 年 7 月 1 日。(图:美国空军国家博物馆)

XP-80 "流星" 战斗机

型号:XP-80

别名:流星

用途分类:战斗机、截击机

长度:10.49 米

翼展:11.81 米

高度:3.43 米

最大起飞重量:5738 千克

首航日期:1944 年 1 月 8 日

末航日期:1974 年

乘员数:1 人

总生产数量:6557 架(其中 P-80 为 1715 架;其余为 T-33、TV-2,以及 T2V/1 "海洋之星" 教练机)

动力装置:1 台艾里逊 J33-A-35 发动机

设计速度:0.54 马赫(660 千米 / 时)

实用升限:14000 米

作战半径:1930 千米

武器挂载量:M3 机枪 6 挺、127 毫米空射火箭弹 8 枚、453 千克重的杀伤爆破炸弹 2 枚

1943 年 5 月，美国陆军航空军公开招标，需要研制一款"强调动力"的喷气式高空截击机。1943 年 6 月 17 日，洛克希德公司拿到了这个被政府命名为"MX-409"的研发项目，开始开发 XP-80 原型机。

1943 年夏，凯利组建了一支由工程师和车间机械师组成的精英团队，把大伙儿拉到了位于加州伯班克的一处租来的马戏团帐篷里，当时边上还紧邻着一家有毒塑料工厂。根据军方的命令，凯利不能说太多，只能告诉团队成员这段时间每周要工作 6 天，每天工作 10 个小时，而且必须在严格保密的情况下工作和绝对服从指挥——毕竟，这项任务的时限在大多数人看来都太短了。

团队成员们尽管基本都不了解事情的来龙去脉，但还是毫不犹豫地表示接受。那时，德产的新型喷气式战斗机以其卓越的飞行速度和加速性能，大有独揽整个欧洲制空权之势。美国战争部急于研制出能与之有一战之力的自己的飞机，这才进行公开招标，并在后来有了美国第一款可投入实战的 P-80 "流星"喷气式战斗机。而由于美国战争部希望能尽快应对来自德产的新型喷气式战斗机的威胁，所以给了凯利一个似乎不可能的研发期限——仅 150 天。不过凯利还是欣然接受了挑战。在接下来的时间里，凯利领导的这支团队超出预期地在第 143 天就完成了 XP-80 原型机的交付，比原计划还提前了 7 天。

于 1944 年 7 月 26 日发生的一件事情改变了人们对空战的认识。那天，英国皇家空军第 544 中队一架双引擎活塞动力德·哈维兰"蚊式"轰炸机在前往慕尼黑上空执行拍照任务途中，遭遇了一架德产双引擎梅塞施密特 Me-262 "飞燕"战斗机。随后"飞燕"直接开火，而训练有素的英军驾驶员或许也是凭借着本能，一个"斜筋斗"就躲了过去，并立即掉头逃走了。这就是盟军第一次遭遇喷气式敌机的全过程。德国所掌握的这种有着致命打击能力的武器刷新了盟军对空战的认识。喷气动力不仅意味着更快的速度和更大的飞行载荷，还意味着设计者在机载武器的选择上也拥有更大的选择余地。德国似乎在这一方面占了上风。

1944 年 1 月 8 日，制造完毕的 XP-80 原型机在加州穆罗克陆军航空场接受军方代表的检阅。XP-80 在哥布林涡轮喷气发动机发出的一声尖叫中启动，并在滑翔了一段距离后顺利起飞。虽然初始加速度比其他活塞驱动式飞机慢，但在有了一定速度后，XP-80 就能充分展现出自己的优势了。XP-80 成为美国首架能够以超过 800 千米 / 时的时速飞行的飞机，并让"喷气动力飞行"变得未来可期。为纪念 XP-80 无与伦比的速度，它得到了"流星"这一昵称。一些经过改装的 XP-80 的衍生机型的时速甚至还能超过 960 千米 / 时。"流星"拥有子弹形机身、平整的铆钉和光滑的机壳，它不仅外形美观，战斗力也令人生畏。它配备了六挺大口径机枪，机翼下方还可搭载炸弹。"流星"有两款非常重要的衍生型号，分别是双座 T-33 教练机和 F-94 "星火"全天候截击机。

位于马里兰州银景岭史密森尼航空航天修复中心的"露露贝尔"号 XP-80 原型机。（图：美国战略航天博物馆）

臭鼬工厂创始人兼首席设计工程师凯利与 XP-80 "流星" 战斗机模型。（图：洛克希德公司）

成功试飞后，凯利与试飞员托尼·莱维尔（Tony LeVier）握手。（图：爱德华兹空军基地）

伯班克工厂生产的首架 XP-80 原型机。（图：爱德华兹空军基地）

"流星"试飞成功几周后，臭鼬工厂卸去了飞机的机壳。（图：爱德华兹空军基地）

"流星"的机翼采用木质材料制成,机身则使用了传统的金属材料。(图:爱德华兹空军基地)

即将完成的"流星"机翼。(图:爱德华兹空军基地)

机翼安装完成的"流星",正在等待安装内部组件。(图:爱德华兹空军基地)

组装完毕的"流星"在被运往穆罗克陆军航空场前,先在伯班克工厂接受最后的完善步骤。(图:爱德华兹空军基地)

这架基本完工的"流星"在完成涂装后便可被运往穆罗克陆军航空场。(图：爱德华兹空军基地)

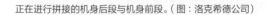

正在进行拼接的机身后段与机身前段。（图：洛克希德公司）

在当时，要将"流星"从伯班克运到穆罗克陆军航空场，只有进行分拆运输。（图：爱德华兹空军基地）

正在被运往穆罗克陆军航空场的"流星"。（图：爱德华兹空军基地）

1944 年 1 月 5 日，"流星"在穆罗克陆军航空场进行静态发动机试运行。工作人员利用滑轮系统在机身内安装用来测量推力的仪器。（图：爱德华兹空军基地）

1944 年年底，"流星" 停在穆罗克陆军航空场飞机跑道上。（图：爱德华兹空军基地）

1947 年年底，一架组装完毕的"流星"准备
在穆罗克陆军航空场的跑道上进行测试。(图：
爱德华兹空军基地)

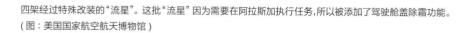

四架经过特殊改装的"流星"。这批"流星"因为需要在阿拉斯加执行任务，所以被添加了驾驶舱盖除霜功能。
(图：美国国家航空航天博物馆)

1950 年 11 月 8 日，四架来自第 8 战斗机 / 轰炸机中队的"流星"。(图：作者收藏)

"露露贝尔"号"流星"原型机。（图：爱德华兹空军基地）

"流星"的衍生型号 F-94B 在外观上与 F-94A 几乎相同。不过，由于搭载了艾里逊 J33 涡轮喷气发动机，F-94B 的性能更为优秀。（图：作者收藏）

改装自 T-33A 教练机的 NT-33A，可被用来进行新型飞控系统测试。图中这架测试机一连被使用了数十年，在许多国防部项目中都可见到它的身影。NT-33A 测试机一直以来都被用于研究各种其他型号的飞机的飞行质量、驾驶舱显示器运行情况、操纵杆好坏和飞行控制设计。（图：美国空军国家博物馆）

XF-90 "星火" 远程突防战斗机

1949 年，搭载新式翼尖油箱的"星火"。(图：洛克希德公司)

XF-90 "星火" 远程突防战斗机

型号：XF-90

别名：星火

用途分类：远程突防战斗机（原型机）

长度：17.12 米

翼展：12.2 米

高度：4.8 米

最大起飞重量：14090 千克

首航日期：1949 年 6 月 3 日

末航日期：1950 年 8 月 15 日

乘员数：1 人

总生产数量：2 架

动力装置：2 台西屋 J34-WE-15 涡轮喷气发动机

设计速度：0.87 马赫（1070 千米 / 时）

实用升限：11890 米

作战半径：3701.5 千米

武器挂载量：6 门 20 毫米机炮、127 毫米空射火箭弹 8 发，以及 907 千克重的炸弹

外形酷炫的 XF-90 "星火" 远程突防战斗机未能投入量产。它是首架美国产后掠翼喷气式飞机，标配有加力燃烧室、翼尖油箱和完全可调的垂直、水平尾翼。此外，"星火" 采用的福勒襟翼和前缘缝翼设计极大改善了机翼上方气流通过的情况，使其成为率先采用 35° 后掠翼技术的先驱之一。"星火" 在飞行测试中，速度突破了 1.15 倍音速。

二战以后，美国空军需要一款能够护送轰炸机往返的突防战斗机。1945年，他们对这款突防战斗机进行了公开招标，要求该飞机能达到约 1448 千米的作战半径。当时，洛克希德公司的竞争对手有麦克唐纳公司（XP-88A "巫毒" 战斗机）和北美航空公司（XP-86C "佩刀" 战斗机）。最终在 1946 年 6 月 20 日，洛克希德公司拿到了两架 XP-90 原型机的制造合同。

1947 年 10 月 14 日，王牌飞行员查克·叶格（Chuck Yeager）成了突破音障第一人。但这一突破却没能帮上早一年投入研发的 "星火"。第一架 "星火" 原型机在俄亥俄州克利夫兰国家航空咨询委员会航空实验室进行了各种测试，直到报废；第二架原型机则被送往内华达试验场进行核武器相关试验，并遭受了三次核爆炸——其机尾被炸断，起落架被炸毁，主翼结构被炸弯和烧焦。

尽管外形非常酷炫，但 "星火" 在性能方面却有诸多不足。究其原因，是因为 "星火" 身上有许多画蛇添足的设计，且其在动力方面的表现也不甚理想。按照预想，该机是要能达到突破音障的速度水平的，不过这在当时可没人敢打包票。最重要的是，"星火" 的外壳所采用的材料是更坚固却也更厚重的 75ST 铝合金，而非标准的 24ST 铝合金。因此，"星火" 的总重量超过了道格拉斯公司的 DC-3 运输机，更是比 F-86 "佩刀" 战斗机重了 80%。要命的是，"星火" 所搭载的两台西屋 J34 发动机的动力严重不足，重达 12337 千克的飞机仅能获得 2721 千克的总推力。

1950 年 5 月 17 日，"星火" 测试机在测试中进行俯冲，以期能突破音障。在俯冲到较低高度时，飞机一下子消失在烟雾中，并发出了巨大的轰鸣声。人们都倒吸一口冷气，以为飞机出事了。不过还好，测试机好端端地达到了 1.12 倍音速，并在此之后多次超越音障，没出什么问题。

"星火" 是有着 "载人火箭" 之称的 F-104 "星式" 战斗机的前身。由于外观设计十分酷炫，其一度受到了很多人的喜爱。西屋公司也顺便给自家的发动机打了一大波的广告。1953 年 9 月，"星火" 成了漫画《黑鹰》（Blackhawk）中的 "角色"，孩子们可以通过漫画欣赏到帅气的 "星火"。

20 世纪 80 年代末，"星火" 的第二架原型机停止服役，经过修复后被永久保存在俄亥俄州代顿附近的美国空军国家博物馆中进行展示。

停在爱德华兹空军基地的"星火"与"流星"，前者的重量大约是后者的两倍。（图：爱德华兹空军基地）

1946 年 5 月下旬，一架制造完毕的"星火"即将通过路面运输的方式被运往爱德华兹空军基地。在二战结束后不久，"XP-90"被改名为"XF-90"。（图：爱德华兹空军基地）

在爱德华兹空军基地分配给洛克希德公司的机库中进行现场维护的"星火"。该机库曾被用于进行"流星"的飞行试验。（图：爱德华兹空军基地）

与"流星"一脉相承的"星火"的驾驶舱。(图：爱德华兹空军基地)

臭鼬工厂创始人凯利·约翰逊监督首架"星火"进行第一次滑行测试。（图：爱德华兹空军基地）

1946 年 6 月 3 日，托尼·莱维尔在完成"星火"首航后笑容满面。（图：作者收藏）

1949 年，一架停在爱德华兹空军基地的"星火"的俯视图。（图：爱德华兹空军基地）

20 世纪 40 年代末，接受飞行试验的"星火"飞越莫哈韦沙漠时的斜下方视图。（图：洛克希德公司）

1950 年年初，在爱德华兹空军基地的坡道上，停放着两架"星火"（编号：46-0687、46-0688）和改进后的 YF-94C 新"星火"战斗机原型机（编号：50-0955）。（图：洛克希德公司）

洛克希德公司的高级试飞员托尼·莱维尔在驾驶"星火"飞越加利福尼亚中央山谷途中，向正在航拍的飞机微笑致意。（图：爱德华兹空军基地）

在洛克希德公司伯班克工厂准备进行首航的"星火"。（图：爱德华兹空军基地）

携带了两枚 226 千克重的杀伤爆破炸弹的"星火"。(图：洛克希德公司)

"星火"的第二架原型机在结束试飞后被运离罗杰斯干湖。(图:爱德华兹空军基地)

两架在莫哈韦沙漠上空飞行的"星火"。（图：作者收藏）

X -7 试验机、X-17 火箭

一架 X-7A 试验机被固定在作为载机的 RB-29J
侦察机的左侧机翼上。(图:爱德华兹空军基地)

X -7 试验机

型号:X-7A-1	最大起飞重量:3629 千克	设计速度:4.3 马赫(4500 千米 / 时)
别名:飞行烟管	首航日期:1951 年 4 月 26 日	实用升限:30480 米
用途分类:冲压喷气发动机试验	末航日期:1960 年 7 月 20 日	作战半径:209.2 千米
长度:X-7A-1 为 9.98 米;X-7A-3 为 11.28 米	乘员数:无人驾驶	武器挂载量:不适用
翼展:X-7A-1 为 3.66 米;X-7A-3 为 3.05 米	总生产数量:61 架	
高度:2.13 米	动力装置:1 台马夸特 XRJ-43-MA 发动机	

X-17 火箭

型号:X-17	最大起飞重量:5443.1 千克	设计速度:14.5 马赫(17904 千米 / 时)
别名:无	首航日期:1955 年 5 月 23 日	实用升限:150000 米
用途分类:再入大气层运载工具	末航日期:1958 年 9 月	作战范围:不适用
长度:12.2 米	乘员数:无人驾驶	武器挂载量:不适用
翼展:2.59 米	总生产数量:30 余架	
高度:不适用	动力装置:1 具西奥科尔 XM20 固体燃料火箭	

洛克希德公司受美国空军的委托，为测试超音速冲压式喷气发动机、导弹制导和控制部件的技术，研制了 X-7 试验机（别名"飞行烟管"）。该试验机需借助载机在空中进行发射：安装在机尾的助推器在发射后被点燃，可将机体速度加速至约 1609 千米 / 时。当安装在机身后下方的冲压式喷气发动机开始工作后，助推器就会脱离机身。该试验机的载机先后分别选用了 B-29 "超级空中堡垒"和以 B-29 为基础研发的 B-50 轰炸机。

冲压式喷气发动机内部没有压缩机，这种发动机需要借助一定的前进速度来将空气冲压到燃烧器中。首先，气流以极高速度进入进气口。接着，气流受到扩压器管口冲击，其流速会降到 0.2 马赫左右。这种突然的减速会产生冲压式喷气发动机运行所需的压力。最后，燃料在燃烧室里与加压后的空气混合燃烧产生喷射推力。由于没有压缩机提供动力，因此热气可不借助涡轮机就直接从喷嘴中喷出。冲压式喷气发动机的缺点是，只有在"取得高速的情况下才能工作"。它在飞行速度为 0.5 马赫以下时产生的推力很小，只有在低超音速（1—3 马赫）下运行时效果最佳。

不过，理想很丰满，现实很骨感。一直等到 20 世纪 50 年代末，真正具备实用性的有翼冲压式喷气机——洛克希德 X-7 无人驾驶试验机和波音"波马克"远程防空导弹（外形很像飞机）才成为现实。1951 年 4 月，X-7 进行了第一次试飞，其后 X-7 又进行了 130 次试飞（最后一次是在 1960 年 7 月）。冲压式喷气发动机的研究工作主要由三个单位负责（马夸特公司、约翰·霍普金斯大学应用物理实验室和通用应用科学实验室），而且其开发、生产和设计研究也由数个单位同时进行。当时，一台马夸特公司生产的冲压式喷气发动机在一次全面测试中将 X-7 试验机加速至约 4.7 马赫，直到燃料耗尽。不过，研究人员在将试验机回收后发现发动机和机身严重过热，已无法重新飞行。

1960 年，马夸特公司按预期计划完成了用于波马克 A 型防空导弹的冲压式喷气发动机的生产。随着该生产项目临近尾声，马夸特公司又启动了 RJ43-Ⅱ 发动机的生产，后者作为新型波马克 B 型导弹的动力单元，在试验中取得了成功。RJ43-Ⅱ 发动机及其前身 RJ43-3 发动机是美国仅有的两台通过军用资格测试的冲压式喷气发动机。20 世纪 60 年代中期，RJ43-Ⅱ 发动机已能够满足所有飞行要求，并成功完成了 X-7 的试飞测试。自此，X-7 也成了这种类型发动机的试验平台。通常，在完成飞行测试后，导弹和发动机会借助降落伞回收系统回到地面，并在随后进入全面评估的流程。

在为期 13 年的测试计划中，搭载冲压式喷气发动机和各式部件的 X-7 模拟"波马克"防空导弹进行了飞行试验，相关人员会通过得到的参数来验证推进系统的可靠性。模拟"波马克"防空导弹的 X-7 由一台冲压式喷气发动机提供动力，其速度能够超过 4 马赫，实用升限也能够超过 30.48 千米，创造了吸气式导弹升空高度的世界纪录。不过，比这些纪录更重要的是，冲压式喷气发动机的开发和测试计划对推进导弹与发动机技术的进步做出了重大贡献。

在任务执行完毕后，X-7 会放下降落伞，其锋利的、按照空气动力学打造的尖锐机头会垂直埋进地面。在整个测试计划期间，它只造成了一次伤亡事故——X-7 本身并无大碍，但在着陆时刺伤了白沙地区附近的一头公牛。

一架即将被装上载机的 X-7 试验机，停在新墨西哥州霍洛曼空军基地的跑道上。（图：作者收藏）

X-7A 试验机家族中最先进的 X-7A-3。该机的航程、耐受性能和最高速度得到了极大提升。（图：作者收藏）

位于载机机翼下的 X-7A-3。（图：作者收藏）

X-7A-3 的侧视图。该机搭载了体积更大的马夸特产 XRS-59-MA-24D 冲压式喷气发动机。（图：作者收藏）

在霍洛曼空军基地的跑道上，工作人员正在准备进行 X-7A-3 的发射试验。(图：洛克希德公司)

X-7 的回收方式是利用大号的条带式降落伞，使经过特殊加固的机头接触地面。（图：爱德华兹空军基地）

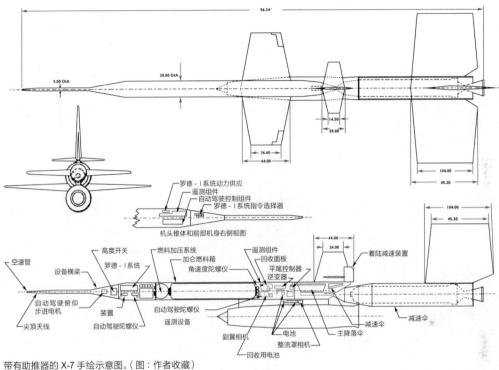

罗德 - I 系统动力供应
遥测组件
自动驾驶控制组件
罗德 - I 系统指令选择器

机头锥体和前部机身右侧视图

空速管
设备横梁
高度开关
罗德 - I 系统
燃料加压系统
加仑燃料箱
角速度陀螺仪
遥测组件
回收面板
平尾控制器
逆变器
着陆减速装置

自动驾驶俯仰
步进电机
装置
自动驾驶陀螺仪
自动驾驶陀螺仪
遥测设备
减速伞

尖顶天线
副翼相机
电池
整流罩相机
主降落伞
减速伞

回收用电池

带有助推器的 X-7 手绘示意图。（图：作者收藏）

由 RB-29J 侦察机左舷机翼吊舱中的相机拍摄的 X-7 俯视图。照片中的固体燃料助推器单元就是一个带有机翼的大型喷气起飞助推器，其回收方式和 X-7 相似。（图：作者收藏）

基础版 X-7 试验机的左舷视图，本照片拍摄于 1958 年。（图：洛克希德公司）

波音公司的 RB-29J 侦察机在六台喷气起飞助推器的推动下，从霍洛曼空军基地起飞。(图：洛克希德公司)

X-7A-1 试验机助推器支撑结构图。本照片拍摄于 1952 年 5 月 7 日。早期的 X-7A 试验机搭载的是莱特 TV-3 XRJ47-W-1 冲压发动机，后来换用了马夸特公司的发动机。(图：洛克希德公司)

1955 年 6 月 14 日，佛罗里达州卡纳维拉尔角空军基地。洛克希德公司对 X-7A-1 试验机进行过几次地面发射试飞，但结果并不理想。（图：美国空军航天司令部第 45 航天联队）

一架 X-7 在返程时未能成功展开降落伞，摔得基本上没有东西可以回收了。（图：洛克希德公司）

大部分 X-7 试验机的发射测试和回收都是在霍洛曼空军基地进行的。图为 6 架正处于不同组装阶段的 X-7 试验机。本照片拍摄于 1957 年秋。（图：美国国家档案馆）

1953 年 4 月 28 日，第一架 X-7A-1 试验机附于 RB-29J 侦察机的机翼下方成功升空。在达到足够的高度后，X-7A-1 试验机脱离了载机，经过五秒自由落体运动后其助推器被点燃。不过这架 X-7A-1 试验机的机体在脱离载机没多远时就意外解体了，并险些波及载机。（图：作者收藏）

上方的两张照片与本页右上角的照片，所展示的是 X-7 试验机的"缩小版"——美军 XQ-5 无人机，该机也搭载了马夸特公司的冲压式喷气发动机。（图：作者收藏）

X-7A 试验机早期的七次发射试验都由莱特 TV-3 XRJ47-W-1 冲压发动机提供动力,后来才改用马夸特公司的发动机。(图:作者收藏)

马夸特公司的飞机跑道上，一架 X-7A 的俯视图。请注意，该机的垂尾上还装有特殊气闸。(图：作者收藏)

在佛罗里达州帕特里克空军基地里，一枚制造完毕的 X-17 被小心地装入 C-130A "大力神" 运输机中，准备运往卡纳维拉尔角空军基地。（图：作者收藏）

一枚装在专用拖车上的 X-17。（图：美国国家档案馆）

1955 年 6 月 24 日，卡纳维拉尔角空军基地，一枚准备试射的 X-17 火箭。（图：美国国家档案馆）

1957 年 7 月 4 日，一枚 X-17 火箭
成功发射。（图：美国国家档案馆）

1957 年 8 月 23 日，于卡纳维拉
尔角空军基地进行的 X-17 火箭试
射。（图：美国国家档案馆）

在卡纳维拉尔角空军基地，一枚 X-17 火箭（测试编号：1111）正在架设并准备试射。（图：洛克希德公司）

1957 年 8 月 29 日，卡纳维拉尔角空军基地的 3 号发射台，一枚准备试射的 X-17 火箭。（图：美国国家档案馆）

YC-130 "大力神" 运输机

一架出口西班牙的改型 KC-130H 空中加油机，正驶近大加那利岛。(图：作者收藏)

YC-130 "大力神" 运输机

型号：C-130

别名：大力神

用途分类：战术运输机

长度：29.79 米

翼展：40.41 米

高度：11.66 米

最大起飞重量：70307 千克

首航日期：1954 年 8 月 23 日

末航日期：仍在生产

乘员数：经典型号为 5 人；改型 "超级大力神" 为 3 人

总生产数量：2500 余架，在 2040 年之前将保持生产

作战半径：3800 千米

动力装置：4 台 T56-A-15 涡轮螺旋桨发动机（改型 "超级大力神" 的动力装置为 4 台罗尔斯·罗伊斯 AE 2100 D3 涡轮螺旋桨发动机）

设计速度：0.44 马赫（541 千米 / 时）

实用升限：10000 米（空载）；7000 米（满载）

武器挂载量：改型 AC-130 配备了 155 毫米加农炮[1] 1 门，40 毫米机炮两门；改型 MC-130 "战斗爪" 装有 GBU-43/B 大型空爆炸弹

① 译者注：这里的 "155 毫米加农炮" 疑为作者笔误，实际上应该是 "105 毫米榴弹炮"。

C-130"大力神"运输机可以算是世界航空史上最重要的飞机之一。自 1954 年首航以来,"大力神"一直都是无处不在的存在。它曾到过地球的南北两极、从越南将军事物资空投到阿富汗危险地区、在全球范围内执行了无数救援行动。"大力神"的用途包括但不限于投掷炸弹、空中回收卫星、进行侦察和炮击地面目标。此外,还有一部分"大力神"的改型被用于商业运输。"大力神"在军用飞机范围内拥有最长的生产历史——可以排到前三名。据称,"大力神"系列运输机的生产将持续到 2040 年。

参与"大力神"设计、建造、飞行,以及支持维护大力神的人都认为这款运输机毫无疑问是世界上最可靠的主力运输机型,而且他们都有充分的理由。迄今为止[①],全球 63 个国家有"大力神"的订购记录,该机的交付数量约 2500 架。这些国家根据自己的实际情况,已经发展出了"大力神"的 70 多种改型。不论是位于喜马拉雅山最高处的简易机场上,还是大海中的航空母舰的跑道上,都有着"大力神"的身影,它们完成了数不清的运输任务。

1950 年,美国空军意识到自己还没有能够执行中距离空运作战部队任务的军事运输工具。因此,美国空军战术司令部于 1951 年年初发布了全新的中距离运输机规则要求,并公开招标。

1951 年 7 月 2 日,洛克希德公司成功夺标,拿下了生产两架 YC-130 原型机的合同。1954 年 8 月 23 日,YC-130 原型机于伯班克工厂进行了首航。在四台涡轮螺旋桨发动机的驱动下,YC-130 原型机仅助跑了 200 多米就成功起飞。除了升力巨大外,YC-130 原型机所展现出的机动性也远超预期。而且,该机的其余各项性能也都满足甚至超过了原有要求。

原型机取得的成功让洛克希德公司马上就拿到了生产订单。由于伯班克工厂当时的产能已饱和,"大力神"的生产被转移到位于佐治亚州的玛丽埃塔工厂(现为洛克希德 - 乔治亚公司)进行。1955 年 4 月 7 日,第一款量产型"大力神"C-130A 于玛丽埃塔工厂下线,其外形与原型机几乎完全相同。C-130A 配备了柯蒂斯 - 赖特三叶电动可逆螺旋桨和四台艾里逊 T56-A-IA 涡轮螺旋桨发动机 [单台功率为 3750 马力(1 马力约合 0.735 千瓦)]。

"大力神"在设计之初,便着重强调货舱必须做到足够宽敞、通畅和完全加压,经过快速配置后可按需用于运送和空投士兵装备。因为采用了上单翼设计,所以"大力神"的货舱能和卡车货箱底部齐平。因此在有必要的时候,运输人员还可以通过飞机尾部的上货坡道进行装卸。此外,"大力神"还有起重能力巨大、飞行距离远、着陆适应力强等优点,这些优点使其成了一款真正的战术运输机。

"大力神"因其极强的泛用性在问世后不久便受到了广泛认可,很多人都希望它能进一步完善,以满足执行特殊任务的需要。"大力神"共有约 70 款改型,其中第一种改型(于 1957 年试飞)被用于为远程预警雷达站点补充滑雪装备。时至今日,"大力神"依旧是世界战术空运飞机的标杆,特别是后来发展出来的 C-130J"超级大力神"运输机,其性能较原版更为卓越且增加了大量新功能,创下了 54 项航空世界纪录。目前,16 个国家已拥有或即将购入"超级大力神"。"超级大力神"也有 11 款改型,可被用于执行 16 项不同的任务。此外,该机还有廉价型 C-130XJ 和由 L-100 发展而来的商用型 LM-100J 等非军用版本。

在洛杉矶以东的圣盖博山脉上空飞行的"大力神"原型机。(图:洛克希德公司)

---

① 译者注:如无特殊说明,本书在时间方面的相关措辞,皆以本书的原书的出版时间为准。

自 1953 年开始生产以来，洛克希德公司已交付逾 2600 架各种型号的"大力神"。（图：洛克希德公司）

1953 年 7 月 2 日，机械师在完成第一架 YC-130 "大力神"原型机后，坐在机身旁边休息。（图：洛克希德公司）

1953 年，"大力神"试验模型被运至洛克希德 - 乔治亚公司总装大楼，用于微调飞机设计和测试系统。该模型在服役几年后被废弃。（图：洛克希德公司）

"大力神"原型机的测试人员正在等待指挥处发出首航起飞指令。(图:洛克希德公司)

两架"大力神"原型机在贝克斯菲尔德以北的中央山谷田地上空飞行。(图:洛克希德公司)

1954 年 8 月 23 日，一架 "大力神" 原型机驶离伯班克工厂，以飞行摆渡的方式交付至爱德华兹空军基地。(图：美国空军)

以上两张照片展示的是停在爱德华兹空军基地里的 "大力神" 原型机。早期的飞行试验和包线扩展飞行都是在这些原型机上进行的。(图：洛克希德公司)

一架在爱德华兹空军基地接受大型货物装卸试验的 C-130A (编号：53-3129), 这也是后来的 AC-130A "幽灵炮艇" 战术攻击机的原型。(图：美国空军)

美国空军飞行测试中心的跑道上，一架正在缓慢滑行的量产型 C-130A。这架棱角分明、长着"罗马鼻"的飞机，正在接受持续飞行和包线扩展飞行试验。（图：美国空军）

停在爱德华兹空军基地跑道上的两架军用运输机——费柴尔德 C-119"飞行车厢"和早期的 C-130A"大力神"运输机。（图：美国空军）

"大力神"的改型之一——C-130B 是在玛丽埃塔工厂进行改装的，它是美军短距离起降运输机的原型。（图：洛克希德公司）

1955 年 4 月 7 日，第一架量产型的"大力神"正准备进行首航。（图：洛克希德公司）

1963 年 10 月 30 日、11 月 8 日、11 月 21 日和 11 月 22 日，在距马萨诸塞州海岸 500 海里（1 海里约合 1.852 千米）处，美国海军陆战队的一架 KC-130F 空中加油机（编号：149798）搭乘"佛瑞斯塔"号航空母舰，完成了 29 次连续飞行试验和 21 次完全着舰起飞试验。（图：美国海军）

1979 年 6 月 20 日，纳什维尔空军国民警卫队第 105 战术空运中队的一架 C-130A（编号：54-1640）正准备飞往英国格林汉姆，参加英国皇家国际航空纹身展。（图：作者收藏）

在英国皇家空军米尔登霍尔空军基地第 53 气象侦察中队里服役的一架 WC-130H 气象侦察机（编号：65-0985）。本照片拍摄于 1978 年 7 月。（图：作者收藏）

2011 年 3 月 11 日，日本东海岸大部分地区因地震和海啸而陷入瘫痪。3 月 16 日，一架改型 MC-130H 特种作战飞机在日本仙台机场降落。该机是灾难来临后第一架在仙台机场降落的固定翼飞机。(图：美国空军)

2012 年 9 月 28 日，美国海军蓝天使飞行表演队的飞行员驾驶改型 C-130T "胖阿尔伯特" 运输机，在卡内奥赫海军陆战队基地进行飞行表演。(图：作者收藏)

一架服役于日本海上自卫队的改型 C-130R（编号：75-1078）驶近日本厚木空军基地。（图：作者收藏）

于 1984 年研发的"大力神"商用改型 L-100 运输机，又被称为"高科技试验台"。（图：洛克希德公司）

一架服役于美国空军的改型 JC-130B 回收机正在练习用抓斗和绞盘捕捉一个模拟成卫星的水桶。(图：美国空军)

XFV "鲑鱼" 垂直起降战斗机

1954 年秋，"鲑鱼"接受了高速滑行试验。图为从其后方拍摄的特写照片。(图:洛克希德公司)

XFV "鲑鱼" 垂直起降战斗机

型号：XFV-1	最大起飞重量：7358 千克	设计速度：0.76 马赫（930 千米 / 时）
别名：鲑鱼	首航日期：1954 年 6 月 16 日	实用升限：13100 米
用途分类：垂直起降战斗机	末航日期：1955 年 6 月研发计划终止	作战范围：不适用
长度：11.23 米	乘员数：1 人	武器挂载量：不适用
翼展：9.4 米	总生产数量：1 架	
高度：11.23 米	动力装置：1 台艾里逊 YT40-A-6 涡轮螺旋桨发动机	

美国海军长期以来一直都对垂直起降飞机抱有很大的兴趣。早在 1947 年，他们就和美国空军签订了合作研发协议。1950 年，美国海军公开招标具有常规飞行性能的垂直起降战斗机，并要求其性能可以媲美现代战斗机。

在这样的背景下，洛克希德公司于 1948 年决定试制一款能够配置在常规舰艇后甲板平台上的垂直起降飞机，并于 1950 年试制出 XFV-1 "鲑鱼"。不久后，"鲑鱼"被进一步完善，达到了作为舰载护航战斗机的标准。1951 年 4 月 19 日，美国空军向洛克希德公司订购了两架 "鲑鱼"原型机（其型号被暂定为 XFO-1）。

1951 年 8 月，"鲑鱼"原型机的建造工作正式启动。在两方签订订购合同后不久，"鲑鱼"的型号就被更改为 XFV-1。"鲑鱼"的外观很奇特——机身短而矮、锥形机翼宽而短、翼尖挂有吊舱。在着陆和起飞时，"鲑鱼"的机尾会垂直接触地面。在停放时，"鲑鱼"会通过等宽十字形尾翼垂直立于地面，其每片尾翼末端都有一只脚轮，足以支撑起整架飞机；在起飞时，"鲑鱼"的发动机可推动飞机垂直升起，当达到安全高度后，飞机会慢慢转向直至水平飞行；着陆时，"鲑鱼"会在接近着陆点后改变飞行姿态，让机头朝上，然后逐渐减小发动机的功率使飞机平稳降至地面。

"鲑鱼"由一台功率为 5500 轴马力的艾里逊 YT-40-A-6 涡轮螺旋桨发动机驱动位于机头的一对三叶对转螺旋桨来提供飞行动力。这款发动机的进气口位于机身前缘，排气口位于机身后底部。飞行员需要先打开后滑式舱盖，再通过特殊的登机梯进出驾驶舱。这种操作从各方面来看，都可以说是相当尴尬的。1953 年年底，第一架 "鲑鱼"原型机（编号：138657）制造完毕。由于 YT40-A-6 涡轮螺旋桨发动机无法支持长时间垂直飞行，因此这次试飞是以传统的平飞方式来进行的。为此，制造方又在机身上临时安装了一副不可伸缩的、末端装有滚轮的 V 形起落架。1953 年 11 月，这架原型机被运往加州爱德华兹空军基地，接受了地面测试和滑行试验。1953 年 12 月 23 日，试飞员赫尔曼·菲施·撒门（Herman "Fish" Salmon）将尚未安装整流罩的原型机滑行至起飞速度以上，但飞机却未能完全起飞。一直到半年后的 1954 年 6 月 16 日，"鲑鱼"原型机才起飞成功。

按照预期，要实现真正的垂直起降，"鲑鱼"原型机需要搭载功率为 7100 轴马力的 YT-40-A-14 发动机。遗憾的是，这款发动机始终没能问世，而"鲑鱼"原型机也至今都没有尝试进行任何垂直起降。不过，"鲑鱼"原型机在飞行中倒是实现了水平飞行模式和垂直飞行模式的切换，甚至能在较高高度做到短暂悬停。"鲑鱼"在爱德华兹空军基地进行所有飞行试验时，都安装了轻量级细条型起落架。在当时，只有最有经验的飞行员才能驾驭这架飞机。

按当时的计划，量产后的 "鲑鱼"应该搭载 T54-A-16 涡轮螺旋桨发动机，在机头整流罩前部安装防弹挡风玻璃、装甲和雷达，在两边翼尖吊舱中安装四门 20 毫米机炮或 48 枚 2.75 英寸（1 英寸约合 2.54 厘米）折叠尾翼式火箭弹。1955 年 6 月，"鲑鱼"的研发计划被终止了。自始至终，"鲑鱼"连一次垂直起降都没能做到。最终让美国海军决定终止研发的原因，是他们意识到了哪怕 "鲑鱼"可以实现垂直起降，它的速度也永远比不过同时期的其他战斗机。

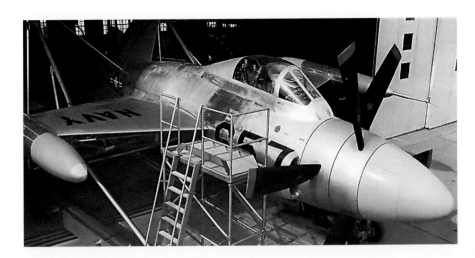

按原定计划，量产后的"鲑鱼"应该搭载 T54-A-16 涡轮螺旋桨发动机，并且在机头整流罩前部安装防弹挡风玻璃、装甲和雷达。（图：作者收藏）

从后方拍摄的"鲑鱼"的照片。由于原计划采用的艾里逊 YT-40-A-14 涡轮螺旋桨发动机尚未问世，这架飞机只能临时采用动力较弱的 YT-40-A-6 发动机。（图：洛克希德公司）

"鲑鱼"原型机的彩色照片。（图：洛克希德公司）

从这张照片中可以看出"鲑鱼"所需装备之复杂。（图：作者收藏）

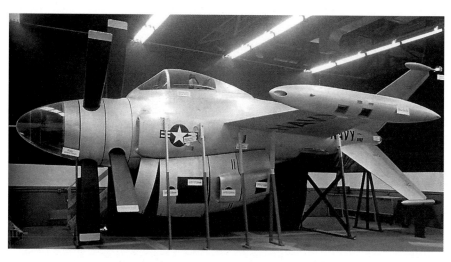

1951年4月19日，美国空军向洛克希德公司订购了两架"鲑鱼"原型机（型号为XFO-1）。在两方签订订购合同后不久，"鲑鱼"原型机的型号就被更改为XFV-1。（图：作者收藏）

试飞员赫尔曼·菲施·撒门在进行"鲑鱼"首航前，转身朝着镜头微笑。（图：洛克希德公司）

出自某位画师之手的卡通版的"鲑鱼"。（图：洛克希德公司）

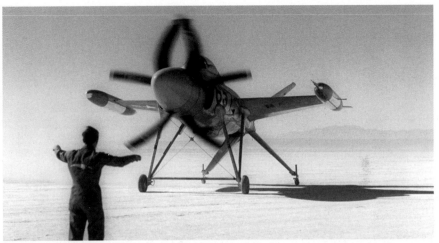

1953 年秋，"鲑鱼"正在接受早期的滑行试验。（图：洛克希德公司）

1953 年，赫尔曼·菲施·撒门在驾驶"鲑鱼"进行了高速滑行试验后将身体探出驾驶舱。（图：洛克希德公司）

1953 年，赫尔曼·菲施·撒门坐在"鲑鱼"驾驶舱内。（图：洛克希德公司）

考虑到军用运输船的空间有限，需要各式辅助工具的"鲑鱼"显得性价比不高。（图：作者收藏）

1954 年 3 月，"鲑鱼"在专用拖车的帮助下进入垂直起飞所需的位置。（图：洛克希德公司）

1954 年秋，"鲑鱼"接受了高速滑行试验。图为从飞机后方拍摄的特写照片。(图：洛克希德公司)

装有平飞起落架的"鲑鱼"正在接受限制载荷的高速滑行试验。(图：作者收藏)

1954 年，众人围在 "鲑鱼" 周围等待驾驶舱中的赫尔曼·菲施·撒门发动飞机。（图：洛克希德公司）

起落架所产生的阻力，会给"鲑鱼"带来不利影响。但即便如此，"鲑鱼"的所有试飞都没能离开这套临时起落架。（图：洛克希德公司）

XF-104 "星式" 战斗机

一架停在荷兰乌得支苏斯特贝赫机场的
F-104G（编号：26-55）。（图：作者收藏）

XF-104 "星式" 战斗机

型号：XF-104

别名："星式"

用途分类：截击机

长度：16.66 米

翼展：6.63 米

高度：4.11 米

最大起飞重量：13166 千克

首航日期：1954 年 3 月 4 日

末航日期：2004 年 10 月 31 日于意大利空军

乘员数：飞行员 1 人（衍生型号 TF-104G 和 F-104D 为 2 人）

总生产数量：2 架原型机 XF-104；所有延伸型号总计 2578 架

动力装置：1 台通用电气 J79-GE-19 发动机

设计速度：2459 千米 / 时

实用升限：15000 米

作战半径：676 千米

武器挂载量：7 处挂载点可挂载共计 1800 千克重的武器

1951 年 12 月，飞机设计师凯利·约翰逊会见了正在前线参战的美国空军飞行员，并听取了他们反馈的意见。之后，他便一门心思准备开发一款飞行速度和高度都在当时举世无双的战斗机。凯利团队的设计于 1952 年 10 月 31 日得到公司批准。1953 年 3 月 1 日，美国空军订购了两架原型机进行试飞。

该机型是战争所催生的产物，它的好几个方面在当时都属独一无二。原来，当时的美国空军战斗机飞行员在与苏联的米格 -15 战斗机的作战中吃了大亏。因此，他们强烈要求能够得到一款更为轻便、机动性更强的高性能战斗机。他们等来的答案便是 F-104 "星式"战斗机，一款极度注重爬升率和飞行速度的战斗机。"星式"作为一款点防御截击机，在爬升率有所提升的前提需求下，只能在航程上做出一定的牺牲。但好在这一不足之处可以用外挂油箱和空中加油技术弥补。"星式"的翼展非常短，仅为 6.63 米。作为一款超音速战斗机，"星式"主要有两大分支：其一是配备了一门 20 毫米 M-61 "火神"六管炮的战术战斗机；其二是配备了"响尾蛇"导弹的截击机。美国空军采购的单、双座"星式"战斗机共计约 300 架。

在美国空军签下订单的一年后，第一架"星式"原型机进行了试飞。该原型机的机翼短而宽，前缘厚度仅约 0.4 毫米。原型机在测试过程中出现的起落架问题，以及稳定性相关的问题都在一系列调整中得到了改善。不过，由于研制进度的原因，该原型机在当时并未搭载原设计中预期要使用的通用电气 J79 加力式涡轮喷气发动机。等到该发动机问世后，首批搭载这款发动机的试验机被取名为 YF-104——于 1958 年投入使用的 F-104A 便是以此为基础发展而来的。该机型曾多次在飞行速度和爬升率等方面突破世界纪录。

YF-104A 是世界上第一款能以两倍音速的速度飞行的飞机，它曾多次突破飞行速度和飞行高度的世界纪录。1958 年 5 月 18 日，F-104A 创造了 2260 千米/时的飞行速度世界纪录；1959 年 12 月 14 日，改型 F-104C 创造了 31.5 千米的飞行高度世界纪录。"星式"是第一款同时保持了飞行速度、飞行高度和爬升时间官方世界纪录的飞机。一些采用了加速升空技术的"星式"可以轻松升至 27 千米以上的高度。

然而，这款在战后设计出来的喷气式飞机并非完美无缺，其研发历经了整整四年时间。在此期间，洛克希德公司至少为美国空军生产了 17 架单座截击型改型 YF-104A 试验机，用以完成"针对在 F-104 上出现的各种问题"的测试任务，旨在投入生产前尽可能排除一些错误。1958 年，第一批 F-104A 战斗机正式交付使用，其许多方面都与最初的设计有所不同——它们的机身更长，且搭载了通用电气的 J79-GE-3 系列发动机（可提供 6713 千克的推力）。

"星式"战斗机也常被人称作"载人火箭"，这是因为它是第一款能保持 2 马赫飞行速度的战机。不过，它也有着很多的缺点，如航程短、航空电子设备老旧、着陆速度较快，以及发动机性能不可靠（直到在 1967 年改装其他发动机后，这一问题才得到解决）。

很多北约盟国都十分青睐"星式"战斗机，纷纷购置这款战斗机来夯实本国的空军力量。在美国面向多个国家的军事援助计划下，美国国内外生产了共计 1700 余架"星式"战斗机。包括加拿大、西德、意大利、挪威、荷兰、比利时、丹麦、希腊、土耳其、西班牙和日本在内的很多国家和地区，都装备了"星式"战斗机。这些战斗机在多年前业已全部退役，其中有一些加设了新的驾驶舱，被用于执行改装训练和武器运输等任务。此外，"星式"战斗机也有侦察衍生机型，但该机型从未在美国空军中服役。

"星式"战斗机的外观设计也颇为独特，其机身采用了符合空气动力学的流线型设计，狭窄的机身内部承载了所有的重要部件，如武器、航空电子设备、起落架和发动机等。"星式"战斗机的大部分内部空间都被动力装置以及燃料所占据。该机的机身前端呈锥形，末端尖细。驾驶舱位于机身前部，以保证飞行员能够拥有非常好的视野。战斗机搭载的单引擎通过位于机身两侧、驾驶舱后面的两个小小的半圆形进气口吸入空气。进气口采用了不可调整位置的固定式设计，且装有进气调节锥，可以在飞机高速飞行时调节进入涡轮喷气发动机的气流大小。

在整个"星式"战斗机的设计中，最独特的元素也许还是它那笔直且薄短的机翼——最厚处也只有 10 厘米厚。这款战斗机的机翼只有前缘部分采用了后掠式设计，且具有轻微的上反角以应对"荷兰滚"——一种令飞机在空中左右摇摆的现象。机翼是战斗机发挥超音速飞行能力的重要组成部分，由于其边缘非常锋利，会对地勤人员构成危险，所以必须配备特殊保护装置。

"星式"战斗机安装于垂尾顶部的尾翼，采用了全动平尾的设计。因为平尾的尺寸也就比主翼的尺寸稍小一些，所以工程师只得在主翼上增加上反角，以确保飞机能稳定飞行。此外，在垂尾顶部安装尾翼还有另一方面的用途：对抗"惯性耦合"——一种可能会在战斗机高速飞行时发生的危险现象。

"星式"原型机正面视图。其进气口设计在当时仍属机密，所以被钣金覆盖，以供在早期拍摄照片。（图：爱德华兹空军基地）

"星式"原型机俯视图，当时该机还未安装超音速进气口。该机在首航时搭载的是由别克公司制造的非加力莱特 J65-B-3 涡轮喷气发动机，而非通用电气公司的 J79-GE-19 发动机。（图：爱德华兹空军基地）

20 世纪 50 年代初，洛克希德公司伯班克工厂生产的两架"星式"原型机中的第一架。（图：爱德华兹空军基地）

头两架"星式"正在组装中。背景是做参考用途的全比例试验模型。(图：爱德华兹空军基地)

已经完成的"星式"原型机的试验模型。该模型设有完整的带弹射座椅的驾驶舱和轻量化的手动收放起落架。（图：爱德华兹空军基地）

1954 年 1 月下旬至 2 月上旬，一架"星式"在爱德华兹空军基地进行了静态地面测试。（图：爱德华兹空军基地）

"星式"原型机参考了 XF-103 战斗机，采用了整体下滑式座椅的设计。（图：爱德华兹空军基地）

1955 年年初，第二架 "星式" 原型机正飞越洛杉矶以北的圣盖博山脉。(图：洛克希德公司)

第一架"星式"原型机的最快飞行速度为 1.75 马赫。于 1955 年 3 月 25 日生产的第二架"星式"原型机的最快飞行速度为 1.79 马赫。(图：洛克希德公司)

"星式"战斗机的单座截击型改型 F-104A 采用了全新的通用电气 J79-GE-13 发动机。(图:美国空军)

首架"星式"原型机和装备了J79发动机的YF-104A试验机（编号：55-2955）。"星式"原型机采用了后收式起落架，YF104A采用了前收式起落架。（图：爱德华兹空军基地）

"星式"驾驶舱内的仪表板。（图：作者收藏）

一架早期的 F-104A 正在模拟和 YF-105A 原型机进行空中加油。（图：洛克希德公司）

在 YF-104A 之前，配合 F-104A 进行空中加油的是波音 KB-50 加油机。（图：作者收藏）

这架隶属美国海军的 F-104A（编号：56-0740）携带了一枚 AIM-9 "响尾蛇" 空对空导弹。图为其在美国 "中国湖" 海军航空武器站接受测试。（图：美国海军）

1956 年，一架 YF-104A 试验机（编号：55-2961）被运往美国国家航空航天局，并进行了改装——在机头和翼尖处加装了反作用控制喷气装置，以便飞行员在空气稀薄的地方控制飞机。该改型名为 JF-104A。在图中可以看到飞机内载有液氮。（图：美国国家航空航天局）

一架服役于美国国家航空航天局的 F-104A（编号：56-734），停在罗杰斯干湖附近。本照片摄于 1960 年 11 月 16 日。（图：美国国家航空航天局）

第三架进入美国海军服役的 F-104A（编号：56-0757），在 1961 年 4 月 7 日意外失事，寿命很短。（图：美国海军）

三架在美国海军进行高音速空军武器测试的 F-104A。图为这三架飞机中的第一架。（图：美国海军）

三架 F-104A 被改装成了载人航天器过渡训练器 NF-104A。图为其中一架飞机在改装进行到四分之三时的状态。（图：爱德华兹空军基地）

三架 NF-104A 中的两架正在爱德华兹空军基地上空飞行。（图：爱德华兹空军基地）

反作用控制喷气装置的特写图。该装置能够使 NF-104A 在非常稀薄的空气中或零重力环境下不会失控。（图：爱德华兹空军基地）

飞行教官迪恩·维坎（Dean F. Vikan）身着高海拔加压服于 NF-104A 前留影。（图：爱德华兹空军基地）

NF104A 在火箭助推器的推动下进行高空爬升。该机于零重力环境下，可在离地面 36 千米的高度飞行 80 秒左右的时间。（图：爱德华兹空军基地）

NF-104A 增加了翼尖延伸部分，使翼展得到了增长，从而提供了容纳反应控制系统侧倾控制推进器的空间，并降低了机翼载荷。（图：作者收藏）

NF-104A 除配备了标准的通用电气 J79 喷气发动机外，还在垂尾底部加装了洛克达因 AR2-3 液体燃料火箭发动机。（图：爱德华兹空军基地）

查克·叶格上校正在检查 NF-104A 上的洛克达因 AR2-3 液体燃料火箭发动机。（图：爱德华兹空军基地）

一架 NF-104A（编号：56-0762）意外坠毁。调查表明，事故原因是由于攻角过大和缺乏反应导致的机体震荡。（图：爱德华兹空军基地）

88

一架 F-104A（编号：56-737）正在爱德华兹空军基地进行武器测试，该机装备了两枚 AIM-9B"响尾蛇"红外制导空对空导弹。（图：爱德华兹空军基地）

在美国空军飞行测试中心服役的"星式"的另一款改型——F-104D（编号：57-1314）。1958 年 10 月 15 日，这架飞机在加州棕榈谷第 42 空军工厂首航，后于同年 12 月 5 日被交付给了第 479 战术战斗机联队。（图：爱德华兹空军基地）

1958 年，一架 F-104A（编号：56-768）从爱德华兹空军基地出发，在飞赴美国空军飞行测试中心途中追逐另一架 B-52"同温层堡垒"轰炸机（其机翼下方有一架 X-15 火箭动力试验机）。（图：爱德华兹空军基地）

1963 年 6 月，西德在爱德华兹空军基地对"星式"的零距离起飞系统进行了测试。拥有零距离起飞系统的"星式"不需要在跑道上滑行，可有效规避针对地面进行的核打击。（图：美国空军）

1963 年 10 月 24 日，隶属美国国家航空航天局的三架 F-104N 正在进行编队飞行。（图：美国国家航空航天局）

一架停在土耳其穆尔特德空军基地的双座 TF-104G（G 型教练机，编号为 62-12299）。照片拍摄于 1983 年 6 月。（图：作者收藏）

一架隶属加拿大冷湖第 417 武装侦察作战训练部队的 CF-104。（图：作者收藏）

1984 年，一架隶属 83 航空联队 207 航空测试中队的日产防空截击型
F-104J（编号：76-8708）停在日本那霸空军基地。（图：作者收藏）

在内华达州托诺帕附近的泥湖地区，飞行员达瑞尔·格林纳米尔（Darryl
Greenamyer）驾驶一架配备了通用 J79 发动机的"星式"创下了
1590.45 千米 / 时的世界绝对低空速度纪录。（图：作者收藏）

一架隶属挪威皇家空军 331 中队的 F-104G（编号：61-2625），停在挪威博德空军基地。（图：作者收藏）

1991 年，一架隶属意大利空军的 F104S-ASA（编号：37-23）正在进行双色伪装测试。（图：作者收藏）

"星式"的俯瞰图。本照片摄于 1995 年。（图：作者收藏）

U-2A/G "蛟龙夫人" 侦察机

1959 年 2 月，第二架"蛟龙夫人"改型双座教
练机 U-2CT（编号：56-6953/393）进入美国空
军服役。1971 年 5 月，这架 U-2CT 在戴维斯蒙
森空军基地着陆时发生事故并损毁。（图：作者
收藏）

U-2A/G "蛟龙夫人" 侦察机

型号：U-2A/G
别名：龙女
用途分类：战略侦察机
长度：14.94 米
翼展：24.38 米
高度：4.63 米

最大起飞重量：10954 千克
首航日期：1955 年 8 月 1 日
末航日期：1989 年 4 月 17 日
乘员数：1 人（训练机型 U-2CT 为 2 人）
总生产数量：48 架
作战半径：4634.9 千米

动力装置：1 台普拉特·惠特尼 J57-P-37A 发动机（改进型 U-2C
的动力装置为 1 台普拉特·惠特尼 J75-P-13 涡轮喷气发动机）
设计速度：0.71 马赫（833.6 千米 / 时）
实用升限：21336 米
武器挂载量：无武器，仅配备了 1350 千克重的摄像头和传感器

1954 年 5 月 1 日，尽管春天的天气凉爽宜人，但华盛顿特区情报界各单位领导人却都紧张得直冒冷汗。因为在五一庆祝活动上，苏联于莫斯科红场展示了最新的米亚西谢夫 M-4 "重锤"轰炸机。

继前年夏成功引爆氢弹之后，苏联又研制出了新式的轰炸机，该机在各方面都超越了西方的同类型产品，似乎是在为打击美国做准备。美国在二战期间曾与苏联结盟，结果它们却在冷战期间变成了对手。事实证明，要想冲破铁幕的阻隔，其难度远超美国情报机构的预期。毕竟，苏联幅员辽阔，很难对之进行有效侦察，而侦察机更是一接近苏联领空边缘就会被击落。在这样的情况下，时任美国总统的艾森豪威尔认为亟须将侦察手段更新换代——其结果就是洛克希德的 U-2 "蛟龙夫人"高空侦察机的诞生。

1953 年，凯利·约翰逊秘密提出了"蛟龙夫人"的设计。他希望可开发出一款能够在苏联防空火力攻击范围外飞行的轻型高空侦察机。设计中的"蛟龙夫人"的外观借鉴了传统滑翔机，其机翼细长，有着较大展弦比，单次航程可达 4828 千米，并可携带重 317 千克的侦察拍摄设备飞至 21.336 千米的惊人高度（这是前所未有的）。

1954 年夏，在凯利准备提交完善后的研制方案时，他被总统和时任美国中央情报局局长的艾伦·杜勒斯（Allen Dulles）告知，除了他的方案以外，还有其他公司的两款高空侦察机也参与了竞标。凯利自然不会被吓倒，因为他坚信自己的设计才是最好的。他向军方提出了一系列令人无法拒绝的条件：既然"蛟龙夫人"在当时的航空领域是一种全新的概念，臭鼬工厂不仅愿意承担所有运输和维护工作，还能在短短八个月的时间内就交付第一架样机。

1955 年 8 月 1 日，凯利在合同的限期内交付了第一架"蛟龙夫人"并进行了试飞。自此，艾森豪威尔总统总算有了可以用来扭转冷战时期所面临的不利局面的秘密武器。1956 年 7 月 4 日，中央情报局的飞行员赫维·斯托克曼（Hervey Stockman）从西德威斯巴登出发，驾驶"蛟龙夫人"成功深入苏联心脏地带并拍摄到了以往其他飞机无法拍摄的苏联机场、工厂和造船厂的清晰照片。在执行侦察任务的过程中，"蛟龙夫人"虽然未能避开苏联雷达跟踪，但却能飞行在苏联截击机和防空火力的覆盖范围外，成功携带着足以改变历史的重要情报安全返航。根据资料显示，当时的苏联人更关心的是制造拖拉机，而不是坦克。

1960 年 5 月 1 日，飞行员弗朗西斯·加里·鲍尔斯（Francis Gary Powers）驾驶"蛟龙夫人"在苏联上空执行侦察任务的过程中，座机被一枚苏联的地对空导弹击中，他本人也被苏联人俘虏。1960 年 8 月 17 日，鲍尔斯在苏联劳改营被判处十年徒刑。两年后，鲍尔斯获释——他被苏联方面用来交换间谍鲁道夫·阿贝尔（Rudolph Abel）。

虽然"蛟龙夫人"偶有失手记录，但这并不影响其在美国情报部门中的重要地位，尤其是在古巴导弹危机期间。1962 年 10 月 14 日，理查德·海瑟（Richard Heyser）少校驾驶"蛟龙夫人"，在古巴西部拍摄到了苏联导弹的照片。这表示苏联有能力对美国发动核打击。

按最初预计，"蛟龙夫人"只有两年的使用寿命。不过事实上，在随后的每一场美国参与的战争中都有着"蛟龙夫人"活跃的身影。此外，非军用的"蛟龙夫人"也能在很多地方派上用场。比如，配备了各种传感器的"蛟龙夫人"不仅能够被当成美国国家航空航天局的高科技平台来进行物理实验，还可以作为高空工具跟踪阿拉斯加森林中的云杉树皮甲虫的动向，以防止森林资源被进一步浪费。

如今，"蛟龙夫人"常被用于空中窃听，它曾成功在伊拉克和阿富汗上空发现临时地雷和简易爆炸装置。

以上两张照片展示的是臭鼬工厂的工人在加州贝克斯菲尔德附近的奥伊尔代尔工厂中秘密生产"蛟龙夫人"的机翼。（图：作者收藏）

奥伊尔代尔工厂生产的早期量产型"蛟龙夫人"机头。（图：作者收藏）

技术人员在"蛟龙夫人"机身的后部工作。背景是一台普拉特·惠特尼 J57-P-37 发动机。（图：作者收藏）

这三张照片展示的是位于内华达州的 51 区。这个地方从方圆数千米内一无所有的干涸湖床，逐渐发展为大型秘密空军基地。（图：美国地质调查局）

对所有没来过 51 区的人而言，这里都是极其神秘的存在。凯利·约翰逊第一次进入 51 区后，向试飞员托尼·莱维尔表示这里实在是太偏僻了。（图：中央情报局和洛克希德公司）

奥伊尔代尔工厂的俯瞰图。(图：作者收藏)

51 区格鲁姆湖空军基地的跑道上至少停着七架"蛟龙夫人"。(图：中央情报局和洛克希德公司)

在通往 51 区的小路上有一块警告牌，上面写着"允许使用致命武器"。(图：作者收藏)

1956 年年初，一架美国国家航空咨询委员会的"蛟龙夫人"正准备从格鲁姆湖空军基地起飞。(图：中央情报局和洛克希德公司)

美国空军正在将一架"蛟龙夫人"装载到 C-124B"环球霸王Ⅱ"运输机上。(图:中央情报局和洛克希德公司)

测试人员临时居住的露营拖车。这里的生活条件不甚理想。（图：洛克希德公司）

当"蛟龙夫人"被运达测试地点后，需进行重新组装。每架"蛟龙夫人"都由美国空军的 C-124B "环球霸王Ⅱ"运输机负责运输，并直接在三个专用机库中进行组装和系统的安装检查。(图：中央情报局和洛克希德公司)

在"蛟龙夫人"完成试飞后,地勤人员和机长在回收过程中检查拖曳装置。在早期的飞行中,相关人员会在机身的适当位置安装支架型机翼轮。(图:中央情报局和洛克希德公司)

1957年4月,一架"蛟龙夫人"(编号:56-6703)自51区出发,以飞行摆渡的方式交付至美国空军。图为飞机正在升空。(图:作者收藏)

这两张照片展示的是,美国空军摄像技术员在"蛟龙夫人"的仪器舱内安装B型摄像机。摄像技术员通过打开的仪器舱底部,在上舱口连接点上的吊装固定装置的帮助下,将摄像机放入仪器舱。(图:美国空军)

摄影技术员在将 B 型摄像机安装到"蛟龙夫人"的仪器舱内之前，要先对其进行检查。在当时，该摄像机的 36 英寸可折叠光学镜头所能达到的分辨率，在同类设备中是最高的。(图：美国空军)

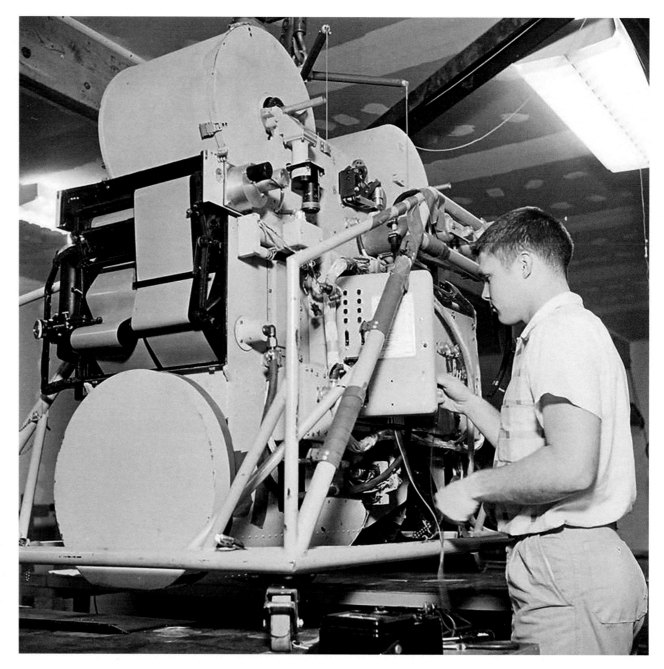

B 型摄像机。（图：美国战略航天博物馆）

1960 年 5 月 6 日，一架印有伪造的美国国家航空航天局标识的"蛟龙夫人"停在德莱顿飞行研究中心。照片的拍摄时间距飞行员弗朗西斯·加里·鲍尔斯在苏联上空被击落不到一周。（图：美国国家航空航天局）

一架隶属爱德华兹空军基地的"蛟龙夫人"。本照片拍摄于 1962 年 5 月 20 日。该基地的"蛟龙夫人"大多被用作测试和研究，其涂装在整个系列中是最为丰富的。（图：洛克希德公司）

1975 年 5 月 29 日，一架"蛟龙夫人"（编号：56-6700）在德国温特贝格附近失踪。美国空军飞行员罗伯特·伦德曼（Robert T. Rendleman）幸免于难。（图：洛克希德公司）

第一架进入美国空军飞行测试中心服役的"蛟龙夫人"（编号：56-6701），停在爱德华兹空军基地的跑道上。这架"蛟龙夫人"上加装有遮阳板，以使其免受高原沙漠地区的阳光照射。（图：作者收藏）

一架"蛟龙夫人"正准备启动普拉特·惠特尼 J57-P-37 发动机。机组负责人正在确认飞行员的状态，以及所有保险装置是否均已解除。（图：中央情报局和洛克希德公司）

一架"蛟龙夫人"（编号：56-6722/389）正在接受适应高空晴空湍流的改装。该机的机头下方配备了阵风感应探测器和其他相关设备。（图：作者收藏）

为应对苏联的高频雷达，洛克希德公司曾尝试通过在"蛟龙夫人"的机身四周按特定间距架线的方法来减小雷达目标有效截面，加大雷达探测的难度。（图：中央情报局和洛克希德公司）

这架 WU-2A（编号：56-6714）的挡风玻璃前加装了遮阳板，以便进行仪器校准和更好地观察仪器舱内的颗粒物采样器（在该仪器的开口处能看到一个可调节进入仪器的气流量的阀门）。（图：作者收藏）

一架经过高海拔地区采样需要改装的 WU-2A（编号：56-6714）正在进行飞行训练。（图：作者收藏）

1961 年，一架 WU-2A（编号：56-6716）从澳大利亚飞抵斐济。（图：作者收藏）

第三架 WU-2A（编号：56-6715）。图为分队指挥官正在与准备执行高海拔地区采样任务的飞行员交谈。（图：作者收藏）

第 6512 试验联队的两架"蛟龙夫人"正在做列队飞行，它们分别是仅生产了一架的双座改型 U-2D（编号：56-6722）和一架量产 A 型（编号：56-6701）。这架量产 A 型的机尾印有"烟鬼乔"（Smokey Joe）的标识，用以纪念王牌飞行员约瑟夫·雅各布·福斯（Joseph Jacob Foss）。（图：洛克希德公司）

这两张照片展示的是一架量产型"蛟龙夫人"U-2A（编号：56-6681）在完成训练飞行后，正被拖车拉回爱德华兹空军基地机库。20 世纪 60 年代初，这架 U-2A 被改装成舰载改型 U-2G，在美国海军航空母舰上进行测试。机尾上的"N801X"是海军航空队注册号。（图：洛克希德公司）

这架海军航空队注册号为 N801X 的"蛟龙夫人"，正在爱德华兹空军基地进行预飞试验。（图:洛克希德公司）

凯利·约翰逊与他最出名的作品之一——"蛟龙夫人"侦察机合影。(图：洛克希德公司)

飞行员在进行测试时会穿着醒目的飞行服(可为跳伞后的搜救工作提供便利)。(图：作者收藏)

弗朗西斯·加里·鲍尔斯身着早期款式的 MC-2 高空代偿服，站在加装了空中受油设备的改型 U-2F(注册号：N800X)前。(图：作者收藏)

一架"蛟龙夫人"（编号：56-6690/357）正在洛杉矶以北的圣盖博山脉上空巡航。该机于 1956 年 9 月 21 日被交付给中央情报局，后于同年 12 月 19 日在一次飞行训练中损毁。（图：洛克希德公司）

一架"蛟龙夫人"（编号：56-6690/357）正在飞往爱德华兹空军基地。（图：作者收藏）

一位机组人员坐在"蛟龙夫人"（编号：56-6722/389）的机翼上。（图：作者收藏）

在"蛟龙夫人"系列的改装机型中，最独特的当数在机身背部安装了 TRIM 系统的 U-2F。TRIM 系统能够测量再入飞行器的辐射特性，并将其作为今后的跟踪标准。TRIM 系统的研发依托 U-2F 开展了两年时间，直至该研发项目被终止。（图：作者收藏）

20 世纪 80 年代初，两架美国国家航空航天局专用改型 U-2CS 在加州山景城莫菲特海军航空站的艾姆斯研究中心接受大修。(图：作者收藏)

图为首架美国国家航空航天局专用的"蛟龙夫人"改型 ER-2A，作为地球资源机在亚轨道科学项目中充当飞行实验室的角色。本照片拍摄于 1981 年 5 月，拍摄地点是艾姆斯研究中心的一处跑道。拍摄者在处理这张照片时不小心曝光过度，产生了独特的光影效果。(图：作者收藏)

一架接受了适应高空晴空湍流的改装的"蛟龙夫人"（编号：56-6722/389），在爱德华兹空军基地的主跑道上方进行平飞。位于其下方的是一架北美航空公司的 XB-70"女武神"轰炸机。（图：作者收藏）

美国国家航空航天局专用的"蛟龙夫人"改型 ER-2 在第 42 空军工厂 5 区进行例行维护。这三张照片拍摄于 2015 年 2 月 27 日。5 区也是被用作"平流层红外天文学观测站"的波音 747SP 的停放地。(图：作者收藏)

停在爱德华兹空军基地的"蛟龙夫人"改型 U-2C（编号：56-6707/374），其蒙皮为全金属材质。该机于 1957 年 5 月被交付空军。（图：作者收藏）

这架隶属中央情报局的"蛟龙夫人"改型 U-2B（注册号为 N805X，编号为 56-6685）搭载了 J57-P-31 发动机，其布满波卡圆点的涂装是被用来测试侦察卫星传感器的。这种涂装在飞机处于高海拔环境中时，没有任何保护作用。（图：洛克希德公司）

三架搭载了 J75-P-13 发动机的"蛟龙夫人"改型 U-2C 整齐地排列在第 42 空军工厂 2 区。这里也是"蛟龙夫人"和 SR-71 "黑鸟"侦察机的飞行试验基地和存放仓库。这些飞机（由近及远）的编号依次是：56-6707/374、56-6680/347 和 56-6700/367。（图：洛克希德马丁公司）

1957 年，一批隶属中央情报局 A 小队的"蛟龙夫人"即将被派往日本厚木执行任务。图为它们暂时被藏于机库以防窥探。离镜头较近的是当时世界上最先进的低可侦测性隐身技术装置。（图：作者收藏）

一架隶属于第 6512 试验联队的 "蛟龙夫人" 双座改型 U-2D（编号：56-6721/388），停在爱德华兹空军基地。（图：作者收藏）

这架 U-2D 已经做好了参加 1965 年基地年度航展的准备。(图:爱德华兹空军基地)

这架 U-2D 采用了浅色涂装。（图：作者收藏）

1971 年 7 月，停在希卡姆空军基地的 U-2D。（图：美国空军）

1959 年 3 月，第二架 U-2D（编号：56-6954/394）进入爱德华兹空军基地空军研究发展中心服役。1966 年，该机被移交至战略空军司令部，又于次年被改装成 C 型。1968 年 5 月 31 日，该机在图森附近失事。（图：美国空军）

图中的两架"蛟龙夫人"都被改装成了双座 D 型以容纳两名乘员，并腾出空间用来安放一套测量飞机和导弹红外辐射的设备。（图：作者收藏）

这是第一架"蛟龙夫人"改型双座教练机 U-2CT（编号：56-6692/359）。（图：作者收藏）

第一架 U-2CT 的后机身取自一架 U-2C（编号：56-6716）。（图：作者收藏）

1963 年，一架注册号为 N315X 的"蛟龙夫人"参与了海军研究中心的"探索者"研究计划。根据空中受油的任务需求，这架"蛟龙夫人"接受了改造。（图：洛克希德公司）

1962 年，三名战略空军司令部的飞行员在中央情报局的指挥下驾驶"蛟龙夫人"空中受油改型 U-2F 执行任务。图为飞行员正在练习空中受油。（图：作者收藏）

1976 年 1 月，第一架 U-2CT 教练机在未上漆的状态下进行了首航。（图：洛克希德公司）

一架 U-2F 正在接受来自波音 KC-97L"同温层油船"空中加油机的燃料。（图：作者收藏）

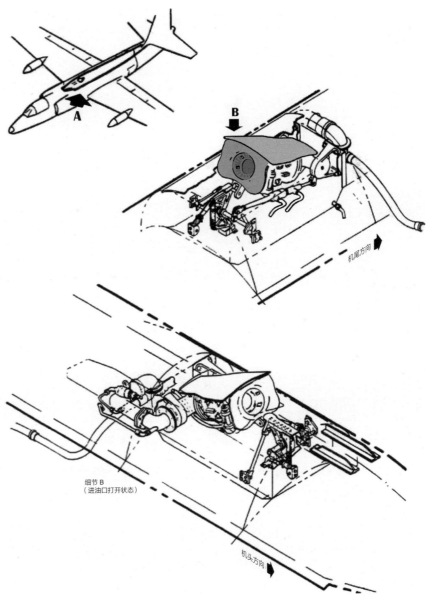

U-2F 和 U-2H 采用的加油技术图示（图：作者收藏）

U-2F 和舰载改型 U-2G 采用的着陆钩。（图：作者收藏）

1963 年，一架 U-2F（注册号：N810X）在海军研究中心的要求下，驶离"小鹰"号航空母舰，准备对着陆点进行观察。（图：洛克希德公司）

1963 年，一架 U-2F（注册号：N315X）在飞行着陆试验期间降落在"小鹰号"航空母舰的飞行甲板上。（图：洛克希德公司）

"蛟龙夫人"驾驶舱下方安装有支架型机翼轮，可在机头触地时起到保护作用。（图：洛克希德公司）

一架大号改进型"蛟龙夫人"U-2R（编号：80-1067/067）正在佛罗里达州基韦斯特机场的跑道上滑行。它准备参加 1996 年 2 月 19 日在小鹰级"肯尼迪"号航空母舰上进行的着舰试验。（图：作者收藏）

前空军上校、SR-71"黑鸟"侦察机驾驶员、"蛟龙夫人"飞行试验负责人汤姆·皮尤（Tom Pugh）对改进型 U-2R 翼尖做了折叠设计，使其能够顺利降落在现代美国海军的核动力航空母舰上。（图：作者收藏）

1969 年 11 月，一架 U-2R（注册号：N812X）在进行着陆试验时降落在"美利坚"号航空母舰上。（图：洛克希德公司）

一架机身上有粉笔画下的字符的 U-2R。（图：作者收藏）

1969 年冬，一架 U-2R 正低空飞过"美利坚"号航空母舰的飞行甲板。（图：洛克希德公司）

这架注册号为 N812X 的 U-2R 在"美利坚"号航空母舰上成功完成了好几轮起降。(图：洛克希德公司)

这两张照片展示了量产型"蛟龙夫人"U-2A 的驾驶舱。（图：美国空军）

U-2R 的驾驶舱。（图：作者收藏）

L-329 "喷气星" 运输机

1981 年至 1982 年间，美国国家航空航天局研德莱顿飞行研究中心设计和测试了拟用于"喷气星"的高级桨扇技术。（图：美国国家航空航天局）

L-329 "喷气星" 运输机

型号：L-329、L-1329、C-140
别名：喷气星
用途分类：公务机、军用运输机
长度：18.41 米
翼展：16.59 米
高度：6.22 米

最大起飞重量：20185 千克
首航日期：1957 年 9 月 4 日
末航日期：服役中
乘员数：2 人（机组成员）
总生产数量：202 架（不含 2 架原型机）
作战范围：不适用

动力装置：4 台普拉特·惠特尼 JT12 发动机或盖瑞特 TFE731-1 涡轮风扇发动机（原型机采用了 2 台英国布里斯托尔·斯德德利·奥菲斯发动机）
设计速度：0.66 马赫（811 千米 / 时）
实用升限：13106 米
武器挂载量：不适用

20世纪六七十年代，洛克希德公司推出了"喷气星"公务机。该机原定的型号名为 L-329 和 L-1329，在进入美军服役后被改名为 C-140。"喷气星"是历史上首款被投入实用的专用公务机，同时也是多年来同类飞机中容量最大的几款之一——可载 12 人（含两名机组人员）。"喷气星"和其他小型喷气式飞机的区别就在于它安装在机身后部的四台发动机，这种布局和数年后问世的维克斯 VC10 客机相似。此外，该机安装在翼中的外部油箱也颇具特点。

洛克希德公司最初是为迎合美国空军方面的需求才开始了"喷气星"的研发，后因预算削减而放弃。之后，他们决定在原有的基础上继续将这款飞机的用途往商务用机上靠。最早的两架原型机在动力装置上选择了两台布里斯托尔·斯德德利·奥菲斯发动机。1957 年 9 月 4 日，第一架原型机（注册号为 N329J）成功试飞（这架原型机曾作为凯利·约翰逊的私人飞机工作过一段时间）。第二架原型机（注册号为 N329K）一开始在机翼上安装了外部油箱，进行了全新的尝试。不过，由于和英国方面就在美国国内生产奥菲斯发动机的合同没有谈妥，洛克希德公司于 1959 年决定在"喷气星"上安装四台普拉特·惠特尼 JT12 发动机。选用了普拉特·惠特尼 JT12 发动机的替代方案被证明是成功的。后来，这款发动机被正式应用于量产机中。量产机于 20 世纪 60 年代中期成功试飞后，正式进入商用领域。

洛克希德公司为美国空军生产了 16 架"喷气星"（这种军用量产型的型号为 C-140A），其中 5 架被用于执行飞行检查任务，自 1962 年起开始对机场导航设备进行空中测试。这些"喷气星"从越南战争期间开始服役，直至 20 世纪 90 年代初，其独特的迷彩涂装与普通的公务机型有着明显的区别。最后一架退役的"喷气星"被摆放在伊利诺伊州斯科特空军基地内进行静态展示。

"喷气星"家族中还有 11 架人员运送专用的 C-140B，其中第一架于 1961 年被交付军事空运司令部，交付时间比 C-140A 还早。这些 C-140B 隶属马里兰州安德鲁斯空军基地第 89 军事空运联队，常作为人员运送专用机活跃在第一线（其中护送要员的型号被命名为 VC-140B）。在诸如德国和加拿大这些国家，"喷气星"已成为国家元首、政府首脑和其他贵宾的专用交通工具。

因为原版"喷气星"有着高油耗、噪声大的缺点，所以洛克希德公司在原版的基础上推出了加装盖瑞特 TFE731 涡轮风扇发动机和外部油箱的改型机——"喷气星"二代。从 1976 年到 1979 年，洛克希德公司在这三年间共生产了 40 架二代机，取得了极大的成功。与一代"喷气星"相比，二代机的航程更远、噪音更低，起飞助跑的表现也更优越。截至 1978 年，一代"喷气星"共生产了 204 架，其中大多数目前已经退役，但仍有不少二代机作为公务机和私人飞机还在服役中。

"喷气星"的原型机从好莱坞伯班克机场起飞。（图：洛克希德公司）

"喷气星"原型机的机身上标注了美国联邦航空管理局注册号（N329J），其窗户上方贴有"洛克希德"英文字样。（图：洛克希德公司）

左图为"喷气星"原型机的照片。右图为"喷气星"原型机的试飞测试人员和追逐机的机组人员的合影（本照片拍摄于 1957 年 9 月 4 日）。在右边的这张照片中，从左到右依次为：副驾驶罗伯特·舒马赫、飞行测试工程师欧内斯特·乔伊纳（Ernest L. Joiner）、设计师凯利·约翰逊、美国空军试飞员吉姆·伍德（Jim Wood）、臭鼬工厂试飞员雷·古戴和追逐机首席试飞员托尼·莱维尔。（图：洛克希德公司）

停在爱德华兹空军基地的"喷气星"原型机。照片拍摄于 1959 年 5 月。(图：作者收藏)

凯利·约翰逊与准备进行飞行试验的"喷气星"原型机。(图：洛克希德公司)

"喷气星"原型机的驾驶舱。(图：作者收藏)

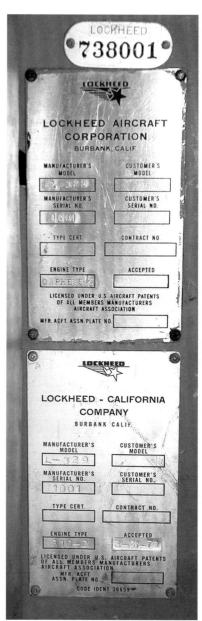

"喷气星"原型机的参数铭牌。(图：作者收藏)

1961 年，美国空军购买了六架人员运送专机 VC-140B，专门用于护送总统、政府高级官员和其他国家元首。(图：美国空军国家博物馆)

这架"喷气星"原型机在位于不列颠哥伦比亚省温哥华国际机场的不列颠哥伦比亚理工学院里停放了将近 20 个年头。(图:作者收藏)

最后生产的一架 C-140B 公务机停在玛丽埃塔工厂的跑道上,它将在 1963 年 7 月 3 日进行交付。(图:洛克希德公司)

L-2000 超音速客机

L-2000 几种不同风洞试验配置中的一种。(图：洛克希德公司)

L-2000 超音速客机

型号：L-2000

别名：超音速运输机

用途分类：超音速客机

长度：83.26 米

翼展：35.36 米

高度：14 米

最大起飞重量：267600 千克

第一次飞行：仅制造了试验模型

末航日期：不适用

乘员数：驾驶舱 4 人、乘务舱 8 人

总生产数量：仅制造了试验模型

作战半径：不适用

动力装置：4 台通用 4/J5M 发动机或普拉特·惠特尼 JTF17AJTF17A 21L 发动机

设计速度：3.24 马赫（4000 千米 / 时）

实用升限：23317 米

武器挂载量：不适用

20 世纪 50 年代，美国的几家大型航空公司都多少尝试过设计超音速运输机。洛克希德公司在这一领域的首次尝试可以追溯到 1958 年。该公司希望能够开发出一款飞行速度能达到 3218 千米 / 时，且起降速度能够媲美同时期其他大型亚音速喷气式飞机的产品。他们的早期设计沿用了拥有本公司特色的锥形直翼设计，鸭翼部分也根据空气动力学原理采用了三角形设计，最终定型的产品类似于 F-104 "星式"战斗机。不过，这样设计出来的飞机在风洞测试中升力中心不稳定。

后来，虽然三角翼的设计被取消了，但仍然达不到标准。公司设计师知道，虽然采用可变几何形摆动翼设计在理论上能解决问题，但却会增加飞机的重量。因此，他们更倾向于采用固定翼设计——要是实在无计可施，就只能设计一款用燃料作为压载物的固定翼飞机了。1962 年，洛克希德公司提出了高度后掠的曲柄箭头设计方案（在机翼和鸭翼中安置四个发动机吊舱）。该方案虽然效果更好，但仍不是最理想的。1963 年，洛克希德公司又进一步延伸了机翼前缘，取消了鸭翼，并将机翼重新设计成双三角形，还加上了轻微扭曲的外倾角。这样的气动设计再配合精心打造的机身，就能有效解决"超音速飞行时由机翼高度后掠部分产生的升力引起的压力中心移动"的问题。另外，该机的发动机也从机翼位置被转移到了吊舱中（悬挂在机翼下方）。这一最新设计的代号为 L-2000-1（机身长 68 米，宽 3.35 米），它既满足了空气动力学要求，客舱也足够宽敞——能够并排放置 5 个普通座位，且在头等舱中并排放置 4 个高级座位。在采用典型的混合舱座位布局时，该机能容纳约 170 名乘客。如果采用高密度布局，该机则可容纳 200 多名乘客。

L-2000-1 的特点是长而尖的机头——它的顶部几乎是平的，底部呈弯曲状。这样的设计既可以提高超音速性能，也能让飞行员在飞机起降时拥有足够广的视野。L-2000-1 的机翼设计也颇具特色，采用了内前方 80 度倾斜角，前缘其余部分则向后倾斜 60 度角——高掠角的设计能使机翼前缘在飞机飞行时产生强大的涡流，在中高攻角时增加升力，即便飞机失速，其启动操纵面仍然能够保持稳定的气流。此外，涡流的产生还可为飞机提供良好的方向控制性能。L-2000-1 的机翼的厚弦比仅为 3%，大面积的机翼提供了可观的升力。在涡升力的帮助下，L-2000-1 的起降速度可与波音 737 相媲美。此外，三角翼设计本就是一种天然的

刚性结构，基本不需要对机翼进行固化处理。

1966 年，该设计经过一番修修改改后最终成就了 L-2000-7A 和 L-2000-7B。L-2000-7A 方案下的机翼经过了重新设计，机身也被加长至 83 米，混合舱位可容纳乘客 230 人。与之前版本的不同之处在于，该设计添加了前缘襟翼以增加低速时的升力，并允许在升降副翼下方发生轻微偏转。由于机身得到了加长，该设计为更进一步减少阻力，降低了机翼的厚度。L-2000-7A 方案下的机舱容量也得到了扩充，可以携带更多的燃料和货物。此外，该设计也增长了机鼻并精心设计了机尾。不过，在这样的设计下，飞机在方向控制上就不如以前那样稳定了，所以后机身下侧又被增设了腹鳍。L-2000-7B 方案下的机身被延长至 97 米，加长机舱和上弯机尾的设计减少了飞机转向过度时机尾撞到跑道的可能性。以上两个设计方案中的飞机最大起飞重量相同，均为 267600 千克，而气动升阻比也均为 8：1。

波音 2707-200 和洛克希德 L-2000-7 的飞机全尺寸试验模型都曾被提交给美国联邦航空管理局。1966 年 12 月 31 日，波音公司的设计被确定采用。L-2000-7 虽然生产难度低、风险小，但相比之下它在起飞时和高速飞行时的性能略差。此外，JTF-17A 发动机的噪声也更大。波音 2707-200 则被认为更先进，比协和式飞机具有更大的领先优势，因此也更为符合最初的设计要求。波音公司最终的设计方案，弃用了原先先进的可变式几何机翼设计，改用了与洛克希德公司的设计方案近似的三角翼设计，并在此基础上加装了尾翼。不过，由于技术问题、成本超支，以及环境和经济等问题，美国国会于 1971 年 3 月 24 日决定不再为超音速运输机研发项目提供资金。5 月 20 日，波音公司终止了相关研发计划。

生产中的 L-2000 的全尺寸试验模型。本照片是在位于好莱坞伯班克机场的洛克希德工厂中拍摄的。（图：洛克希德公司）

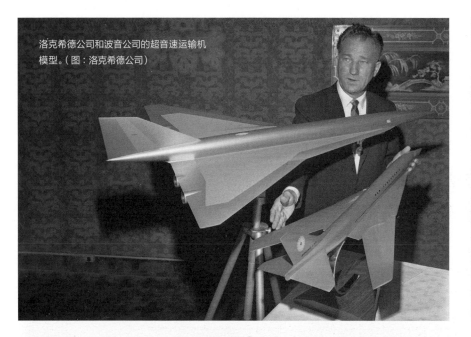

洛克希德公司和波音公司的超音速运输机模型。（图：洛克希德公司）

L-2000 风洞试验模型仰视图。（图：洛克希德公司）

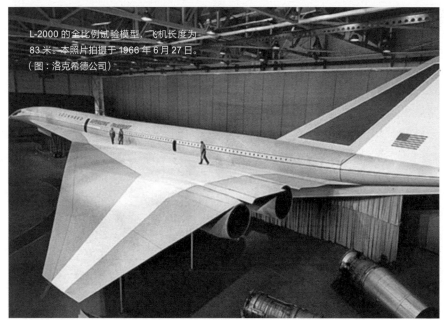

L-2000 的全比例试验模型，飞机长度为 83 米。本照片拍摄于 1966 年 6 月 27 日。（图：洛克希德公司）

L-2000 的全比例试验模型正面视图。（图：洛克希德公司）

技术人员在高速测试托架上测试 L-2000 的缩小比例模型。（图：洛克希德公司）

如果当初 L-2000 投入生产，体型就会是这么大。（图：洛克希德公司）

L-2000 机舱内部。（图：洛克希德公司）

L-2000 动力装置的方案之一是采用四台普拉特·惠特尼 J58 涡轮冲压发动机。（图：洛克希德公司）

L-2000 的主起落架整体视图。（图：洛克希德公司）

1965 年 5 月 13 日，L-2000 正在艾姆斯研究中心进行风洞测试。（图：洛克希德公司）

XV-4A/B "蜂鸟" 试验机

1962 年 7 月 7 日，首架 XV-4A 试验机在佐治亚州亚特兰大科布县玛丽埃塔工厂进行了首次常规飞行。（图：洛克希德公司）

XV-4A/B "蜂鸟" 试验机

型号：XV-4A/B

别名：蜂鸟

用途分类：垂直起降式飞机

长度：9.96 米

翼展：7.82 米

高度：3.58 米

最大起飞重量：3266 千克

首航日期：1962 年 7 月 7 日

末航日期：XV-4A 于 1964 年 6 月 10 日损毁；XV-4B 于 1969 年 3 月 14 日损毁

乘员数：2 人

总生产数量：2 架

动力装置：2 台普拉特·惠特尼 JT12A-3LH 涡轮喷气发动机

设计速度：0.68 马赫（834 千米 / 时）

实用升限：3657.6 米

作战半径：966 千米

武器挂载量：不适用

洛克希德公司于20世纪60年代设计和生产的XV-4"蜂鸟"（曾用型号名VZ-10）是美国陆军发起的研发项目，当时军方希望得到一款短距离垂直起降式侦察机。不过，遗憾的是两架原型机都在事故中坠毁。第一架原型机垂直起飞的升力是通过多个喷嘴向下排出发动机气流产生的（可通过冷空气二次流来增强）。不过，第一架原型机表现出的性能远低于预期，推重比仅为1.04，该机于1964年6月10日坠毁，飞行员也未能幸免于难。第二架原型机被改为升力喷气式飞机，但在经过几次测试后也不幸坠毁。

美国早期设计的几款短距离垂直起降式飞机都未能投入生产；英国设计出了使用向量喷嘴的鹞式飞机；苏联雅科夫列夫实验设计局也设计出了使用升力喷气机搭配后旋转式喷嘴的雅克-38战斗机。

1962年7月7日，第一架"蜂鸟"XV-4A原型机（编号：62-4503）进行了首次常规飞行；1962年11月30日，"蜂鸟"进行了首次系留飞行；1963年5月24日，"蜂鸟"进行了首次自由悬停飞行；1963年11月8日，"蜂鸟"进行了首次从悬停过渡到前飞的飞行；1964年6月10日，这架原型机在佐治亚州科布县坠毁。

洛克希德公司在1966年至1968年间生产了第二架原型机XV-4B，该机于1968年6月4日首航，其动力装置改用了6台通用电气J85发动机（其中4台被专门用来提供升力）。

XV-4B和XV-4A一样，兼顾了垂直起降以及传统飞行。该机参数如下：最大起飞重量3266千克，翼展7.82米，最高时速834千米/时，巡航速度630千米/时，最大航程966千米，爬升速度3.6千米/分。该机的油箱位于机身前部内侧，一次可装载2801升涡轮发动机专用的航空燃料，并附带有增压泵、喷射器以及相应的阀门。由于油箱位置靠前，因此里面所装载的燃料必须被均匀消耗，因为容量在378升以上的油箱在无法均衡消耗燃料的情况下可能会破坏飞机飞行时的稳定性。该机最初预估的使用寿命是500小时，但其在测试期间（1969年3月14日）于格鲁吉亚坠毁，实际飞行时间远远低于原定目标。这一次，飞行员哈伦·奎姆（Harlan J. Quamme）使用弹射座椅安全脱离。

XV-4B的内部设计与XV-4A相比有着明显不同，其机翼、机身、起落架、动力装置、液压系统和控制装置都进行了改进。XV-4B配有两个作为发动机故障保护装置的反应控制阀。为大幅度增加垂直推力，XV-4B的机身外还被增设了4台喷嘴在垂直方向的涡轮喷气发动机。此外，设计人员还为XV-4B添设了增稳系统、液压机械离合器和感觉器弹簧，让飞行员能更好地控制飞机。该机的方向舵的感觉器弹簧上还增加设计了定心弹簧，以减少操纵方向舵时的摩擦感。XV-4B的飞行控制系统是混合电传操纵系统和备用的传统飞行控制系统。

虽然XV-4B的机翼是按照箱形梁结构来设计的，但实际上并未携带燃料。机翼在飞机做点头和侧滑动作时是二自由度，在飞机做滚动动作时只有一自由度。该机的每台发动机上都设有一只分流阀，通过这些阀门，空气要么纵向进入飞机水平推力喷嘴，要么向内进入升力喷嘴。升力和巡航发动机可在飞机处于水平面时提供向前的推力，在飞机处于垂直面时提供升力——这些都是通过分流阀来实现的。XV-4B的6只尾喷管都拥有十自由度，能更好地引导推力。此外，该机位于机身内部的发动机仅在飞机进行垂直起降时工作。

首架 XV-4A 试验机在发动机试车夹具中。（图：洛克希德公司）

"蜂鸟"缩小比例模型。本照片拍摄于位于俄亥俄州克利夫兰的美国国家航空航天局刘易斯研究中心。（图：洛克希德公司）

处于悬停状态的 XV-4A。地勤人员正在对其进行检查。（图：洛克希德公司）

1963 年 11 月 8 日，XV-4A 首次实现从悬停状态过渡到前飞状态。1964 年 6 月 10 日，该机在科布县坠毁。（图：洛克希德公司）

第二架"蜂鸟"原型机 XV-4B。图为该机正在进行早期飞行试验。（图：洛克希德公司）

这两张照片展示了正在进行悬停测试的 XV-4B。（图：洛克希德公司）

移除了驾驶舱盖的 XV-4B。发生硬着陆事故时，驾驶员可及时脱离。（图：洛克希德公司）

CL-400 "黝黑" 侦察机

两架"黝黑"在模拟空中加油。(图：作者收藏)

CL-400 "黝黑" 侦察机

型号：CL-400	最大起飞重量：312976 千克	设计速度：2.5 马赫（3087 千米 / 时）
别名：黝黑	首航日期：仅停留在方案阶段	实用升限：28956 米
用途分类：战略侦察机	末航日期：不适用	作战半径：4070 千米
长度：47.19 米	乘员数：4 人	武器挂载量：无武器，仅配备了照相机、电子对抗和防御系统
翼展：25.5 米	总生产数量：未知	
高度：9.1 米	动力装置：1 台 304-2 发动机	

1956 年到 1958 年间，美国空军极其秘密地实施了氢动力飞机研发计划。即使到现在也很少有人知道的是，美国空军在该项目上的花费超过了 1 亿美元（甚至有人认为该计划已花费了 2.5 亿美元）。尽管该计划中途夭折，但却还是促成了首台氢动力火箭发动机的问世。该计划的代号为"黝黑"，它曾是不予公开的保密计划，和其前辈 U-2 "蛟龙夫人"侦察机一样，整个计划的保密程度和搞间谍活动没什么两样。

20 世纪 50 年代，美国空军对高空飞行十分感兴趣，而"黝黑"的研发就是在这样的背景下开展的。1952 年年底，莱特空军发展中心的约翰·西伯格（John D. Seaberg）少校推出了基于常规方法的改良计划，比如改进马丁公司的 RB-57 侦察机和进行贝尔公司的 X-16 喷气侦察机的研发（后一个计划在 1955 年被取消）。1954 年，美国空军工程师伦道夫·雷（Randolph Rae）提出设计一款外形类似滑翔机的飞机，该机的动力装置是他自己开发的液氢动力雷克斯发动机。这项设计重点突出了液氢燃料的潜在优势。美国空军对氢动力的兴趣得到了美国国家航空咨询委员会刘易斯实验室副主任阿伯·西尔弗斯坦（Abe Silverstein）的支持。

截至 1955 年年底，美国空军多次对将液氢作为飞机燃料的可行性进行了研究和开发。盖瑞特公司买下了伦道夫·雷所设计的发动机的专利，聘请伦道夫·雷担任总工程师并成立了专门的团队。此外，盖瑞特公司还与伦道夫·雷签订了为期三个月的雷克斯发动机设计研究合同，让后者专注于开发第三代吸气式雷克斯发动机。凯利·约翰逊在带领臭鼬工厂为中央情报局设计和生产了 U-2 "蛟龙夫人"侦察机的原型机后，也参加了氢燃料飞机的研究。在联合飞机公司（现联合技术公司）对氢燃料驱动传统涡轮喷气发动机的研究进行到第二个季度时，它的竞争对手——通用电气公司也对氢动力飞机表现出了兴趣。比奇飞机公司和盖瑞特公司开始研究液氢罐、绝缘材料和氢的储存等技术。后来，美国空军和美国国家航空咨询委员会正式认可了刘易斯实验室对氢动力飞机可行性的尝试，向其提供了 100 万美元的预估研发经费并出借了所需的设备。

美国空军对自己仅仅只是给中央情报局"当副手"相当不满。因此，美国空军不仅试图接管 U-2 "蛟龙夫人"侦察机在作战阶段的研发，还试图通过开发第二代飞机来重新获得装备方面的主动权。"黝黑"本来是一个极有希望的计划，但遗憾的是事实证明它不是正确答案。1955 年年末，凯利·约翰逊提出了全新的方案，历史又证明了他才是对的。

两架"黝黑"在进行空中加油。
（图：作者收藏）

普拉特·惠特尼 304 液氢燃料喷气发动机。（图：作者收藏）

工作人员在用于测试的模拟机身里安装高度绝缘的液氢燃料罐测试样品。（图：作者收藏）

安装在模拟机身里的高度绝缘的液氢燃料罐测试样品。（图：作者收藏）

测试用绝缘液氢燃料罐在罗伯逊堡机场发生了非包容性故障。(图：作者收藏)

罗伯逊堡机场（以前叫鲍勃·霍普国际机场）位于好莱坞伯班克臭鼬工厂原址外部。（图：作者收藏）

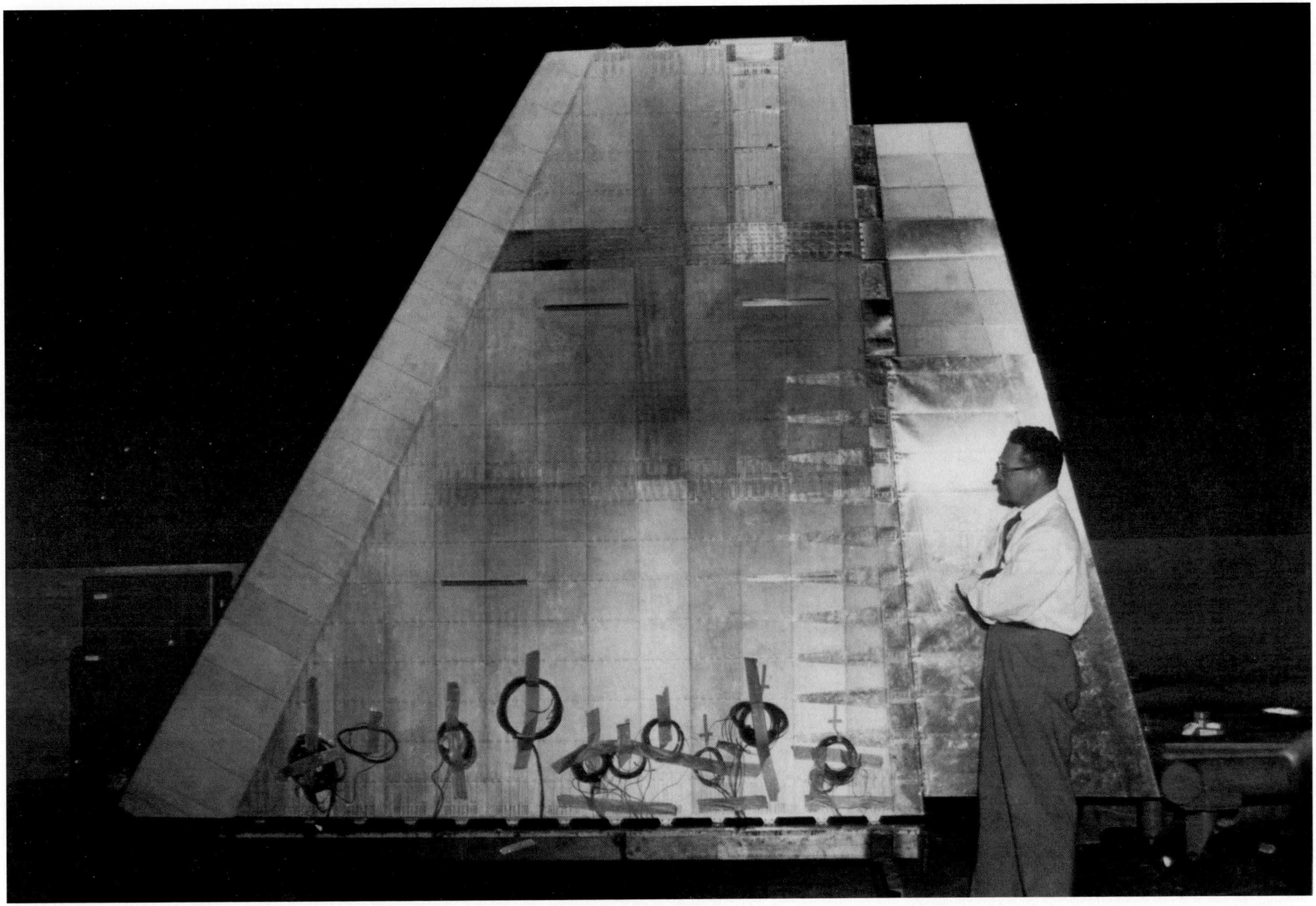

“黝黑”机翼的 1：3 模型。铰链在机翼上的气动操纵面被广泛应用于对振动和结构完整性的监测和评估。（图：作者收藏）

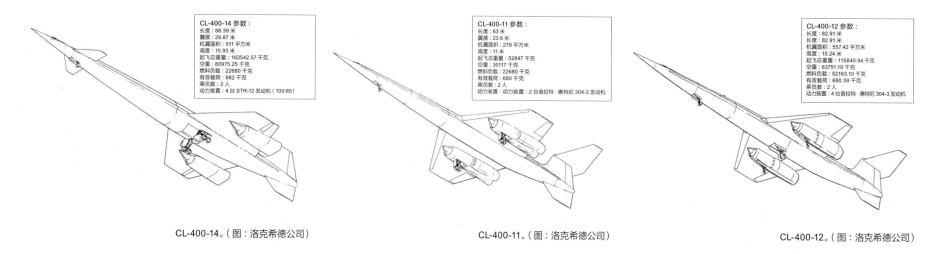

CL-400-14 参数：
长度：88.39 米
翼展：29.87 米
机翼面积：511 平方米
高度：15.93 米
起飞总重量：162542.57 千克
空重：80975.25 千克
燃料负载：22680 千克
有效载荷：682 千克
乘员数：2 人
动力装置：4 台 STR-12 发动机（100:85）

CL-400-11 参数：
长度：63 米
翼展：23.6 米
机翼面积：279 平方米
高度：11 米
起飞总重量：52847 千克
空重：30117 千克
燃料负载：22680 千克
有效载荷：680 千克
乘员数：2 人
动力装置：动力装置：2 台普拉特·惠特尼 304-2 发动机

CL-400-12 参数：
长度：82.91 米
长度：82.91 米
机翼面积：557.42 平方米
高度：15.24 米
起飞总重量：115840.94 千克
空重：63751.19 千克
燃料负载：52163.10 千克
有效载荷：680.39 千克
乘员数：2 人
动力装置：4 台普拉特·惠特尼 304-3 发动机

CL-400-14。（图：洛克希德公司）　　　　CL-400-11。（图：洛克希德公司）　　　　CL-400-12。（图：洛克希德公司）

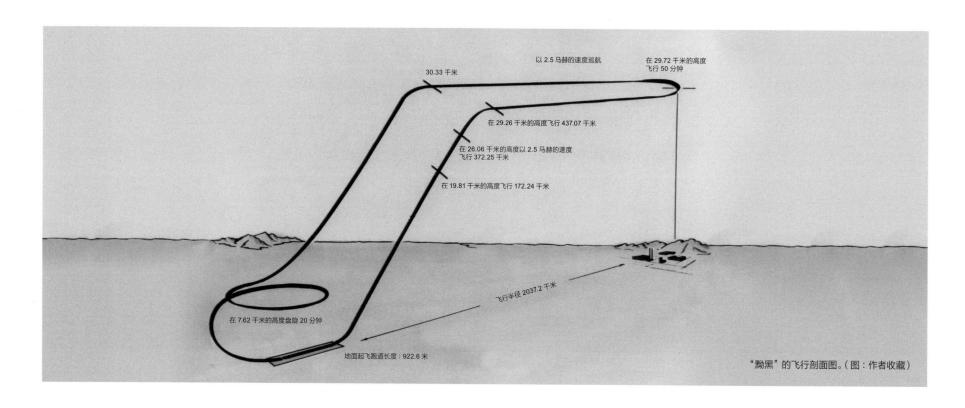

"黝黑"的飞行剖面图。（图：作者收藏）

A-12 "牛车" 侦察机

1963 年 1 月，比尔·帕克驾驶一架印有"黑盾"
标志的全黑涂装"牛车"（编号：60-6931/128）
进行了首航。（图：作者收藏）

A-12 "牛车" 侦察机

型号：A-12 "牛车"

别名：黑鸟

用途分类：战略侦察机

长度：31.16 米

翼展：16.94 米

高度：5.64 米

最大起飞重量：53000 千克

首航日期：1962 年 4 月 26 日

末航日期：1968 年 6 月 21 日

乘员数：1 人（TA-12 "钛鹅" 教练机可搭载 2 人）

总生产数量：15 架

战斗范围：可空中加油无限续航

动力装置：2 台普拉特·惠特尼 J75 发动机、1 台普拉特·惠特尼
J58（JT11D-20）发动机

设计速度：3.24 马赫（3460 千米 / 时）

实用升限：27430 米以上

拍摄设备：柯达 Ⅱ 型和珀金埃尔默 Ⅰ 型

1955 年 8 月 U-2 "蛟龙夫人" 侦察机进行首航后不久，"蛟龙夫人" 之父、时任中央情报局副局长的理查德·比塞尔又马上开始了后续的研究——A-12 "牛车" 侦察机。当时，他和基利安委员会、空中侦察方案审查委员会以及凯利·约翰逊都自信满满地一致认为：自对苏联进行侦察活动 "飞越计划" 开始两年内，"蛟龙夫人" 一定能做到神不知鬼不觉。

不过，大出所有人意料的是，苏联的地面雷达系统轻松地发现并跟踪了 "蛟龙夫人" 出入苏联领空的全过程。因此，美方随后在减少飞机的雷达侦测横截面方面付出了相当大的努力，但收效甚微。看来，只有飞行高度足够高才是最好的防御手段。

因此，中央情报局希望能研发一款能够以极高速度在极高海拔飞行，同时还能拥有当时最先进的雷达衰减能力的飞机。由约翰·帕兰戈斯基（John Parangosky）牵头，洛克希德公司和通用动力公司康维尔分部在 1957 年秋接到了一项高速高空侦察机的极密研发任务，目的是替代已经日薄西山的 "蛟龙夫人"。因为这项任务的保密程度太高，甲乙双方甚至没有签订正式合同。此外，这两家公司也没有得到公开的政府资助，需要自己先垫付研究经费。但事后证明，这两家公司在合适的时机得到了补偿。

凯利·约翰逊在接到任务后便一心扑在研发上，并将该项目命名为 "U-3"。早在 1958 年 4 月 21 日，凯利就在他第一篇研发日志里写道："我设计的 '大天使号'（'牛车' 在设计阶段的曾用名）是一款航速为 3 马赫的巡航机，航程能达到 7408 千米，升空高度能达到 27 千米—29 千米。" 他最终得出的结论是，要想让飞机拥有 3 马赫的巡航能力，各项参数应参考如下标准：空重最多为 18597 千克、毛重最多为 45359 千克、最多可携带 26761 千克重的燃料、燃料储备最多为 907 千克、推力为 6350 千克。

本·里奇在 "牛车" 的开发中发挥了关键作用。他曾说过："我们靠计算尺和富莱登计算器就把一切都算好了。" 要知道，仅靠当时这些有限的计算机技术来完成如此庞杂的计算是极其不容易的。"牛车" 问世很多年后，都只有中央情报局、美国空军、国会议员的一部分人和艾森豪威尔总统才知道该项目的进展，

其保密性可与曼哈顿计划相媲美。参与了该项目的人员从未使用过洛克希德的名号，也没有留下过盖章的图纸，经手的各种文书材料也都是故意几经辗转掩饰。为了保密，参与该项目的人员可以说是无所不用其极。此外，洛克希德公司对周边和公司内部存在的安全隐患也做了各种排查。

在整个研发过程中，洛克希德公司从 A-3 到 A-12 试验了好几个方案，他们慢慢认识到要想兼顾雷达隐形性能和所有其他所需条件是不可能的。1959 年 4 月，凯利提出了在穆罗克机场外进行空对空加油的单一基地飞行调度的概念。在这一概念下，得到的结果就是 A-11——虽然它在雷达隐形性能方面没有任何进步，但其飞行性能却非常好（配备两台 J58 发动机的 A-11 的速度能达到 3.2 马赫）。A-11 的性能让那些关注雷达隐形性能的人都不由得赞叹，不久后这些人的想法都纷纷发生了改变，一致认为按照 A-11 展现出的性能都能满足轰炸机的需要了。

1959 年 7 月 3 日，正当凯利觉得自己的方案要被否决的时候，基利安委员会通知他可以对这一设计继续进行改良，哪怕巡航高度达不到预期也没关系。于是，洛克希德公司在 A-11 的基础上进行了飞机外形的调整并减小了飞机横截面，就此提出了 A-12 方案。最终，A-12 采用了背部脊椎设计，改进了应对雷达侦测的结构，大大减少了雷达横截面。新配置下的 A-12 的重量为 49895 千克至 52163 千克。

所以说，A-12 是 "A" 系列试验中的第 12 项也是最后一项，之所以命名为 "A" 是因为该项目最初的代称 "大天使" 的英文首字母是 "A"。此外，每一项 "A" 系列研究都分了许多子代号，如 A6-9 子项目就曾针对各种会造成扰动的因素做了详尽的试验。

凯利在 1959 年 8 月 31 日的工作日志中这样写道："立即在 82 号楼 A 区开始建造全尺寸模型和 1∶8 比例的模型，并进行工程重组和扩建，制定好全面重新布置办公室和店面的计划……" 1960 年 2 月 8 日，A-12 "牛车" 迎来了第一份生产合同。

第一架生产完毕的"牛车"（编号：60-6924/121）已整装待发。（图：作者收藏）

位于伯班克工厂的"牛车"生产线，本照片拍摄于 1963 年夏。照片上的是该工厂所生产的第二架"牛车"（编号：60-6925/122）的后视图。这架"牛车"现在陈列在纽约无畏号海空博物馆内。（图：作者收藏）

"牛车"生产线的照片。这几架正在生产的飞机的编号由近及远分别是 60-6926/123、60-6927/124（教练机"钛鹅"）、60-6927/124 和 60-6928/125。（图：作者收藏）

洛克希德公司生产线的俯瞰图。照片上有很多运输"牛车"的拖车。（图：作者收藏）

通往内华达州 51 区墨丘利基地的路上的一个休息站。那里曾发生过一桩趣事：一辆载着"牛车"机身的拖车在急转弯时不小心撞到了农夫的皮卡车，在场的中央情报局官员向农夫全额支付了维修费并让他不要声张，警告他要是把看到的事情说出去，当心小命不保。（图：作者收藏）

位于臭鼬工厂 309 号楼和 310 号楼的"牛车"外翼板装配区。（图：作者收藏）

1962 年 4 月 26 日，第一架没有涂装成黑色的"牛车"（编号：60-6924/121）准备首航。（图：洛克希德公司）

1962 年 4 月 26 日，一架"牛车"（编号：60-6924/121）
在 51 区的一处跑道上准备进行首航。（图:洛克希德公司）

一架"牛车"在 51 区完成首次着陆。早期进行飞行测试
的所有"牛车"都由普拉特·惠特尼 J75 发动机提供动力。
（图:洛克希德公司）

这架"牛车"由洛克希德公司试飞员比尔·帕克（Bill Park）驾驶，于1963年1月首航。（图：洛克希德公司）

"牛车"机库建成前的情景。本照片于1963年在51区拍摄。（图：作者收藏）

51区南部的"牛车"机库，该地也被称作"巴哈"。本照片拍摄于1964年。（图：作者收藏）

第一架"牛车"正在进行最早的发动机运行试验。该机第一次装满燃料时漏得像个筛子。(图:作者收藏)

1963 年 4 月 3 日，第三架"牛车"的飞行时长满 100 小时，机组人员纪念留影。（图：洛克希德公司）

第三架"牛车"正在飞越 51 区帕普斯山脉西侧的苏丹火山口上空。（图：作者收藏）

第三架"牛车"的飞行照片。该机由洛克希德的首席试飞员卢·沙尔克驾驶，于 1962 年 10 月 9 日完成首航。（图：作者收藏）

第 8 架 "牛车"（编号：60-6931/128）正在生产中。它后来成了明尼苏达州空军警卫博物馆里的明星飞机。(图：作者收藏)

1963 年年末，在洛克希德公司臭鼬工厂的生产线上生产的最后一架"牛车"（编号：60-6939/133）。（图：作者收藏）

陈列在 51 区一处跑道上的 10 架著名的 SR-71 "黑鸟" 侦察机。本照片拍摄于 1964 年 1 月 24 日。(图：洛克希德公司)

准备在格鲁姆湖空军基地西侧的雷达横截面测试杆上进行测试的"牛车"全尺寸模型的后视图。图中模型已被抬升至测试高度。（图：作者收藏）

由于需要更小的雷达横截面积，"牛车"的模型采用了长叶片状的"脊椎"。以"牛车"为基础进行研发的 SR-71"黑鸟"侦察机也明显保留了这一设计。（图：作者收藏）

"牛车"的机头正在 51 区雷达横截面积测试场进行测试。这场测试的目的是评估"牛车"受雷达侦测的程度。（图：作者收藏）

驾驶舱模型弹射座椅在起降过程中的实际弹射测试。测试团队用租来的福特雷鸟汽车拖行模型。（图：作者收藏）

带有排气道的全比例"牛车"雷达横截面积测试模型，可被用于评估尾流对飞机雷达横截面积产生的影响。（图：作者收藏）

一台探测直径为 22.86 米的 SPS-13 雷达横截面积探测器，它被用来探测飞机或巡航导弹的雷达横截面积。（图：作者收藏）

1967 年 5 月 29 日，一架"牛车"（编号：60-6930/127）停在 51 区 4.2 千米长的主跑道南侧。照片中的这架"牛车"是部署在冲绳嘉手纳市第 1129 特种活动中队第 1 支队的三架"牛车"中的第一架。（图：洛克希德公司）

1968 年，美国地质调查局的卫星拍到的 51 区。照片中显示的这些重要的机库和类似建筑物，在"黑鸟"的早期开发和飞行试验中都有使用。（图：美国地质调查局）

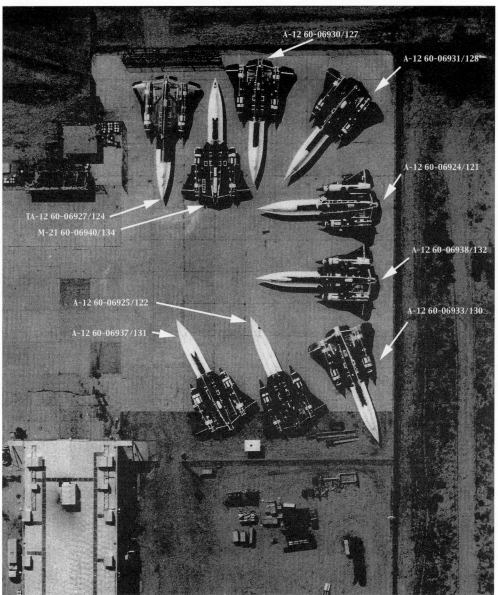

15 架"牛车"中尚存于世的 9 架。当时它们正在棕榈谷第 42 空军工厂用普锐导电涂料进行涂装。1990 年 8 月，本书作者参观了该工厂，对这张俯瞰图中的每架"牛车"都进行了编号。（图：美国空军）

第八架量产"牛车"（编号：60-6931/128）。照片拍摄于 1992 年 7 月 18 日的明尼阿波利斯圣保罗国际机场明尼苏达空军国民警卫队基地跑道。（图：作者收藏）

作者吉姆·古道尔坐在一架"牛车"（编号：606931/128）驾驶舱内。照片拍摄于明尼苏达州空军警卫博物馆。（图：作者收藏）

YF-12A "火光" 截击机

第一架 YF-12A 原型机的右侧垂直尾翼上印有
美国空军司令部的标识。(图：洛克希德公司)

YF-12A "火光" 截击机

型号：YF-12A

别名：火光

用途分类：防空截击机

长度：30.99 米

翼展：16.94 米

高度：5.64 米

最大起飞重量：63503 千克

首航日期：1963 年 8 月 7 日

末航日期：1979 年 11 月 17 日

乘员数：2 人

总生产数量：3 架

作战半径：4800 千米

动力装置：2 台普拉特·惠特尼 J58（JT11D 20A20A）涡轮喷气发动机

设计速度：3.24 马赫（3460 千米 / 时）

实用升限：24384 米以上

武器挂载量：休斯公司 AIM-47A "猎鹰" 导弹 4 发，以及核弹头

1963 年 11 月，约翰逊总统入主白宫。上任一周后，他听取了有关 A-12"牛车"侦察机研发计划的简报，并当即决定在次年年初发布正式公告。1964 年 2 月 25 日，凯利受邀参加了揭幕仪式，他在日志中这样写道："AF-12 研发计划推进顺利。我负责给约翰逊总统起草要用到的草案……"

不过，实际研发进程并没有像凯利所想的那样发展。最终，研发人员在 A-11 的基础上开发出了一款远程截击机 YF-12A。最早，凯利将这款飞机叫作 AF-12，后者在 1960 年秋就已被生产出来，其作为远程高速截击机可以有效对抗苏联的空中威胁。同年 10 月下旬，洛克希德公司收到了一份美国空军购买 3 架 A 系列飞机的意向书（合同金额为 100 万美元）。臭鼬工厂后来决定以研制出来的第 7 架 A-12 为 AF-12 原型机。

由臭鼬工厂工程团队设计出来的 AF-12，是在 A-12 上进行改进得到的结果。飞机上装备了火控系统和休斯公司的新型雷达，总体性能强劲。AF-12 在传感器系统舱中增设了火控系统操作员的座位。1960 年 12 月，臭鼬工厂组织了一个独立项目组，专门负责 A-12 的后续研发工作。1963 年 1 月 23 日至 24 日，臭鼬工厂与美国空军武器系统项目办公室在伯班克举行了第一次讨论会议，军方代表听取了关于飞机设计和开发理念的简报。

同年 6 月，AF-12 在风洞试验中暴露了方向稳定性的问题，这是由于在装备了休斯公司 AN/ASG-18 雷达后，机头和驾驶舱配置发生变化所造成的。为解决这一问题，开发团队首次采用了腹鳍设计，其中有两处腹鳍被安装在每个发动机短舱的后下方，一处腹鳍则"以大型液压驱动的折叠鳍形式"安装在了尾翼后方的机身中心线上。

AN/ASG-18 雷达是美国第一款相干脉冲多普勒雷达，其探测范围远、覆盖面积大，可以做到对单个目标的精准探测。作为理想的防空拦截系统，这款雷达最初是被计划用于北美航空公司的 F-108"轻剑"战斗机上的。

美国空军订购 3 架 AF-12 的合同款如及时雨一般，一下子解决了当初中情局预定的 10 架 A-12 中的 3 架的经费。1962 年 8 月 3 日，第一架 AF-12 的主要部件在伯班克工厂生产完毕；9 月，凯利开始研究通用机身，后者搭载折叠了尾翼的 GAR-9"猎鹰"空对空导弹和新型雷达探测器。

1962 年 12 月至 1963 年初春，三架 AF-12 在伯班克工厂的一处角落进行了组装。出于安全性的考虑，飞行测试的地点最初被决定为爱德华兹空军基地，不过到最后又临时换成了 51 区。

1963 年 8 月 7 日，第一架 YF-12A 在运抵 51 区几周后，由洛克希德公司的试飞员吉姆·伊斯特汉姆驾驶进行了首航。凯利在日志中写道："这是第一架我在首航前先检查火控系统的飞机。"

1964 年 2 月 29 日，A-12 项目被部分揭秘，约翰逊总统公开宣布了 A-11 研发计划的存在。他在广播和电视上以公开演讲的形式发表声明："我们国家已经成功开发出一款先进的喷气式飞机 A-11，它目前正处于试验阶段。这款飞机能够以每小时 3218 千米以上的速度持续飞行，可升到 21 千米的高空。A-11 的性能远远超过当今世界上其他所有飞机。它的诞生归功于飞机技术的重大进步，它对军事和商业应用都具有重要意义。"

YF-12A 原型机大比例模型在山景城艾姆斯研究中心进行高速风洞试验。（图：作者收藏）

YF-12A 原型机 1：8压力模型在艾姆斯研究中心进行超音速风洞试验。（图：作者收藏）

1963 年 8 月 7 日，首架 YF-12A 原型机（编号：60-6934/1001）即将进行首航。（图：洛克希德公司）

首架 YF-12A 原型机在 51 区进行了首航。洛克希德公司首席试飞员比尔·帕克驾驶着一架 F-104A "星式" 战斗机在后方跟机。(图：洛克希德公司)

这两张照片展示的是 1963 年 8 月 23 日，在鲍勃·霍普机场附近的臭鼬工厂中，正在生产的第二架 YF-12A 原型机（编号：60-6935/1002）。（图：作者收藏）

第一架 YF-12A 原型机在爱德华兹空军基地进行飞行前的检查。(图:作者收藏)

1964 年春，第一架 YF-12A 原型机滑行经过了爱德华兹空军基地的一座塔楼。（图：洛克希德公司）

1964 年 3 月，洛克希德公司的首席试飞员比尔·帕克在驾驶第一架 YF-12A 原型机完成试飞后，走出驾驶舱。（图：作者收藏）

随着技术的进步，YF-12A 的试飞频次也在不断增加。1964 年 4 月 16 日，YF-12A 第一次在试飞过程中发射了 AIM-47 空对空导弹。凯利·约翰逊写道："发射顺利，但展开角度不好。"（图：作者收藏）

第二架 YF-12A 原型机（编号：60-6935/1002）。照片左侧的是量产型 F-12B 的试验模型。（图：作者收藏）

位于 51 区北部跑道的第二架 YF-12A 原型机。（图：作者收藏）

这可能是对外公布的第二架 YF12A 原型机的照片中最棒的一张了，黑金色的机身尽显优雅。（图：作者收藏）

第一架 YF-12A 原型机采用的是天然黑金外表面。（图：作者收藏）

1964 年 9 月 30 日，第一架 YF-12A 原型机准备进行首次公开亮相。(图：作者收藏)

1964 年 9 月 30 日，第一架 YF-12A 原型机在爱德华兹空军基地的主跑道上公开亮相。该机右侧的垂直尾翼上印有美国空军系统司令部的标识。(图：作者收藏)

第一架 YF-12A 原型机的左舷垂直尾翼上印有美国防空司令部的标识。该机在第一次以 3 马赫的速度飞行时烧毁。(图:作者收藏)

1965年5月14日，臭鼬工厂收到金额为500万美元的F-12B（即YF-12A的量产型）工程合同，这样一来，原型机YF-12A的研发前景一下子明朗了很多。作为实战用机，F-12B在空气动力学和选择系统方面都进行了改进。虽然最后F-12B没有进行到实际生产的阶段，但来自官方的肯定无疑让人备受鼓舞。（图：洛克希德公司）

1966 年 9 月 21 日，第三架 YF-12A 原型机（编号：60-6936/1003）向目标发射了一枚 AIM-47A" 猎鹰 " 导弹。当时，飞机正以 3.2 马赫的速度在 23 千米的高空飞行。凯利·约翰逊写道："飞机已经达到了理论最高速度。导弹攻击的是 58 千米以外的一个目标（该目标位于 12 千米的高空），最终偏离了 1.98 米……射得已经很准了。"（图：洛克希德公司）

YF-12A 的研发过程也并非一帆风顺，其间发生过很多插曲，比如推进系统出现异常。（图：作者收藏）

D-21 "标签"（"高级碗"）无人侦察机

一架 D-21 无人机停在加州马里斯维尔比尔空军基地。（图：作者收藏）

D-21 "标签"（"高级碗"）无人侦察机

型号：D-21	最大起飞重量：5000 千克	设计速度：3.35 马赫（3700 千米 / 时）
别名：标签	首航日期：1964 年 12 月 22 日	实用升限：29000 米
用途分类：战略侦察机	末航日期：1971 年 3 月 20 日	作战半径：5600 千米
长度：13.1 米	乘员数：无人驾驶	武器挂载量：无武器，仅配备了宏康 HR-335D 摄像系统
翼展：5.8 米	总生产数量：38 架	
高度：2.1 米	动力装置：1 台马夸特 RJ43 MA20S4 冲压发动机	

在"黑鸟"家族中,有一款体型最小且最不为人所知的无人机——它就是D-21无人侦察机(绰号"标签"或"高级碗")。这款无人机被隐藏在幕后已有40多年的时间。

臭鼬工厂有许多"3马赫飞机"的研发计划,在硬件条件上满足要求的机型中最鲜为人知的无疑就是D-21了。这款无人机是由中央情报局和美国空军联手在极其保密的情况下进行研发的,直到研发项目被终止后很长时间,这款机型才因为一次意外进入公众视野——1977年年初,几个航空爱好者在戴维斯-蒙森空军基地的军用飞机存储和处理中心发现了17架D-21。这一意外发现改写了公众对飞行器的一贯认知,不由得让人对D-21的研发历史和实际作用产生了极大的好奇。

D-21绰号为"标签",它实际上是A-12研发计划的衍生项目。1960年5月1日,弗朗西斯·加里·鲍尔斯在驾驶U-2"蛟龙夫人"侦察机执行侦察任务时失联,美国政府当即决定停止一切越境侦察计划,无人侦察机的研发就此被提上日程。凯利·约翰逊在他于1962年10月撰写的一条记录中首次提到了这款神秘飞机的相关信息:"在过去的几年里,我们就以A-12为模板开发无人机的可行性进行了多次讨论。我一直坚持认为我们不应该进行这样的尝试,因为这样的飞机过于复杂,难以实现。但有好几次,我们讨论研究了如何利用A-12在空中发射'星式'战斗机的无人机改型QF-104。"

1962年10月10日,臭鼬工厂从中央情报局获得了无人机研究的授权。凯利·约翰逊表示:"无人机在配置上是允许使用塑胶作为整体的基本结构的。因此,为了避免发生在F-104上出现过的垂尾过高的问题,除了中间位置的垂尾外,我在两翼后侧也各设计了一片垂尾作为辅助。这样的设计除了在空气动力学上有着一些优势外,在飞行测试操作期间还能为飞机起落架的设置提供方便。"

马夸特公司在当时也开发出了适合D-21的动力装置,这样一来要在较短时间内完成研发任务也不是不可能的事了。最关键的是,在A-12研发计划中得到的大量试验成果对D-21的空气动力学和低可观测能力的提升大有裨益,完全可以被借鉴。

1962年10月24日,凯利·约翰逊、本·里奇和拉斯·丹尼尔(Rus Daniell)会见了马夸特公司的代表,讨论在洛克希德公司的新型无人机上使用冲压发动机作为动力装置的问题。凯利在日志中写道:"这次很明显不能继续沿用波马克导弹使用的发动机了,得动脑筋把发动机这一关键部位安排好。"然后,凯利组建了专门的团队并在伯班克工厂开辟了专门的区域,开始着手研发新型无人机。

D-21搭载的是XRJ43-MA-20S4(简称"MA-20S4")冲压发动机。波马克A型导弹使用的是马夸特RJ43-MA-3冲压发动机,波马克B型导弹使用的是两台外置的RJ43-MA-11(简称"MA-11")冲压发动机。MA-11冲压发动机具有固定的几何形状,设有等熵进气口,其推进速度能达到2.35马赫。该发动机采用了燃烧室与出口喷嘴一体化的设计,适用于相对较低的巡航高度。发动机的点火系统由两个焰弹发射器组成,不具备再点火能力。由于燃料控制和火焰保持器燃烧的限制,该发动机不能够被用于高海拔地区。

波马克B型导弹外置的MA-11冲压发动机使用了全气动燃油控制系统,可双档调节导弹的速度(由来自内置进气口的压力信号决定档位高低),并让速度保持恒定。只要保证有足够的速度来实现有效进气,MA-11冲压发动机就能够为任何飞行器充当独立的外部动力装置。MA-11冲压发动机是在加州范奈司的马夸特公司测试工厂的超音速风洞中开发出来的,后又于新墨西哥州阿拉莫戈多的霍洛曼空军基地,在X-7A-3试验机上进行了飞行测试。最后,该发动机被运用到了波马克B型导弹上。

D-21所装备的MA-20S4发动机是由MA-11冲压发动机发展而来,该发动机经过改进后可在较低压力和较高温度下工作。MA-20S4属于内置型发动机,没有独立的进气口结构,使用的是D-21机身上的进气口系统。该发动机的主体结构仍是燃油控制装置、燃油泵、燃油喷射器喷嘴和火焰稳定器等组件,它能为无人机提供1.5小时的续航时间。

197

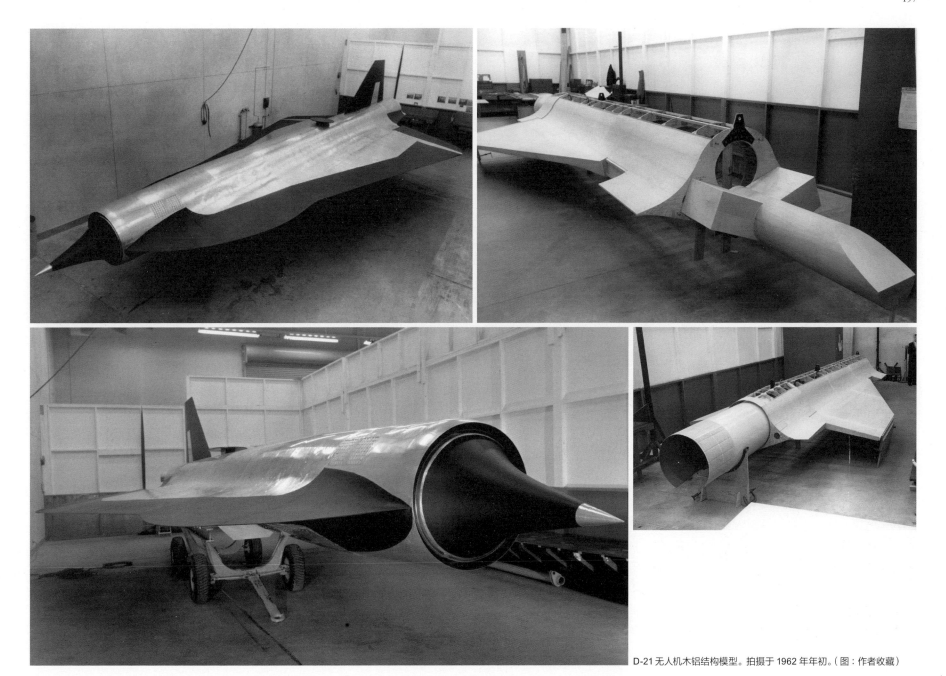

D-21无人机木铝结构模型。拍摄于 1962 年年初。(图：作者收藏)

1967 年 4 月，首架 D-21B（编号：501）在伯班克工厂的 82 号楼接受改造（加装一台固体火箭助推器）。(图：作者收藏)

首架 D-21B 的 RJ43-MA-20S4 发动机。(图：作者收藏)

用于生产 D-21 的旋转夹具。（图：作者收藏）

从另一个角度看用于生产 D-21 的旋转夹具。(图：作者收藏)

正在进行机舱改装的 D-21B。(图：作者收藏)

正在进行机体改装的 D-21B。（图：作者收藏）

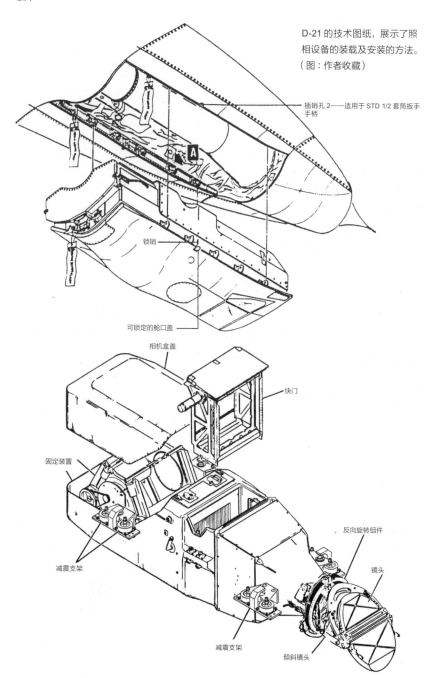

D-21 的技术图纸，展示了照相设备的装载及安装的方法。（图：作者收藏）

插销孔 2——适用于 STD 1/2 套筒扳手手柄

A

锁销

可锁定的舱口盖

相机盒盖

快门

固定装置

减震支架

反向旋转组件

镜头

减震支架

倾斜镜头

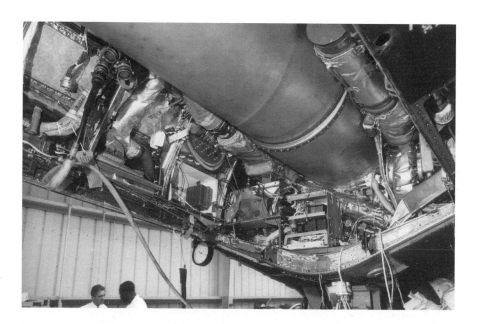

D-21 的侦察仪器舱的空间并不大。（图：作者收藏）

D-21 的侦察仪器舱。它和机身一样，所有结构都由钛合金制成。（图：作者收藏）

排列整齐的 D-21 仪器箱——可以安装惯性导航系统套件、自动驾驶仪和 HR-3325D 相机。（图：作者收藏）

任何飞行器在进入试飞阶段之前，都必须接受最大弯曲测试。（图：洛克希德公司）

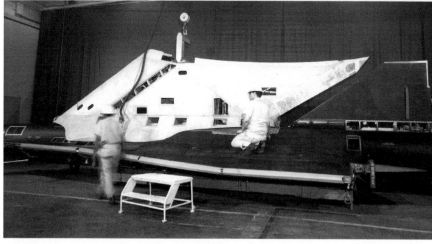

以上两张照片展示的是 1967 年 6 月 1 日，相关工作人员正在臭鼬工厂里第一次为 D-21B 加装吊舱。（图：作者收藏）

D-21 无人机由冲压式喷气发动机驱动，可在高速飞行过程中进行侦察。D-21 需要配合波音 B-52H "同温层堡垒"轰炸机，在助推火箭的推动下进行发射。（图：洛克希德公司）

安装了 A-92 助推火箭的 D-21B（编号：501）。洛克希德将编号为 501 和 507 的两架 D-21B 作为试验机，以确保所有系统运转正常。（图：作者收藏）

为测试 A-92 助推火箭助推设计的完整性、吊舱连接和安装的整体有效性，D-21B 的机身上安装有多个抖动杆。如果有什么部位出现松动，工作人员可通过抖动杆进行精确定位。(图：作者收藏)

1967 年 7 月 11 日，工作人员首次将带有惰性助推器的 D-21B 装载到洛克希德公司自主开发和生产的发射吊舱上。(图：作者收藏)

1967 年 7 月 27 日，一位从美国空军分配到第 4200 支援中队的士官，在 D-21 进行第一次系留飞行试验之前查看助推火箭是否有足够的离地间隙。(图：作者收藏)

1967 年 12 月 2 日，在 51 区北侧的跑道上，一架波音 B-52H "同温层堡垒" 轰炸机 (编号：61-0021) 在进行 "胡克船长" 空中加油测试前接受检查。(图：洛克希德公司)

这架波音 B-52H "同温层堡垒" 轰炸机下挂两架 D-21B 无人机（编号分别为 501 和 504）。这张照片是 KC-135A 加油机的乘员拍摄的。（图：洛克希德公司）

挂载于波音 B-52H "同温层堡垒" 轰炸机机翼下方的 D-21B 无人机。这张照片拍摄于 1967 年 8 月 11 日。（图：洛克希德公司）

1968 年 6 月 16 日，一架挂在波音 B-52H "同温层堡垒" 轰炸机下方的 D-21B 无人机（编号：512），准备配合 KC-135A 加油机进行 "胡克船长" 空中加油测试。（图：洛克希德公司）

两架 D-21B 无人机被挂载于波音 B-52H "同温层堡垒" 轰炸机的机翼下方进行飞行试验。这张照片拍摄于 1967 年夏。（图：洛克希德公司）

D-21B 运作流程：

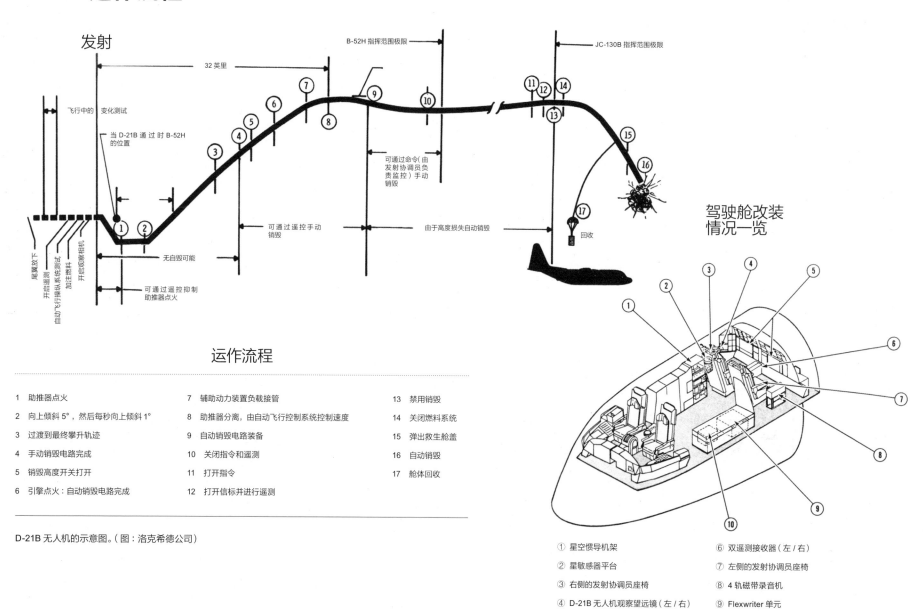

发射

B-52H 指挥范围极限

JC-130B 指挥范围极限

32 英里

飞行中的 变化测试

当 D-21B 通过时 B-52H 的位置

可通过命令(由发射协调员负责监控)手动销毁

可通过遥控手动销毁

由于高度损失自动销毁

无自毁可能

可通过遥控抑制助推器点火

回收

尾翼放下

开启遥测

自动飞行操纵系统测试

加注燃料

开启观察相机

驾驶舱改装情况一览

运作流程

1	助推器点火	7	辅助动力装置负载接管
2	向上倾斜 5°，然后每秒向上倾斜 1°	8	助推器分离，由自动飞行控制系统控制速度
3	过渡到最终攀升轨迹	9	自动销毁电路装备
4	手动销毁电路完成	10	关闭指令和遥测
5	销毁高度开关打开	11	打开指令
6	引擎点火：自动销毁电路完成	12	打开信标并进行遥测

13	禁用销毁
14	关闭燃料系统
15	弹出救生舱盖
16	自动销毁
17	舱体回收

D-21B 无人机的示意图。(图：洛克希德公司)

① 星空惯导机架

② 星敏感器平台

③ 右侧的发射协调员座椅

④ D-21B 无人机观察望远镜（左 / 右）

⑤ 发射协调员控制面板（左 / 右）

⑥ 双遥测接收器（左 / 右）

⑦ 左侧的发射协调员座椅

⑧ 4 轨磁带录音机

⑨ Flexwriter 单元

⑩ Flexwriter 驱动单元

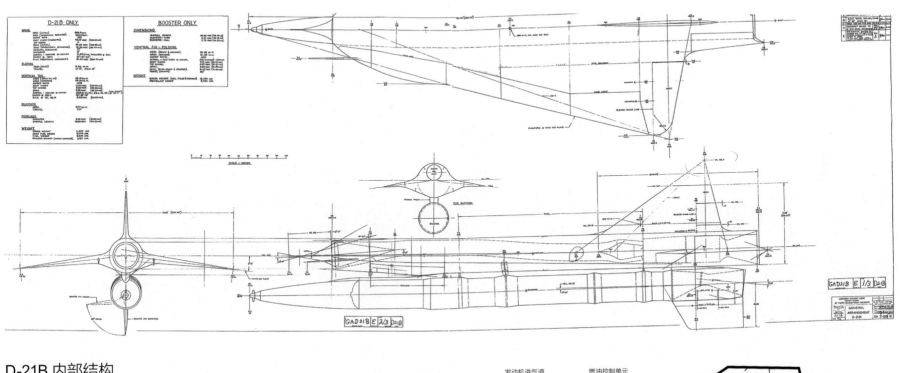

D-21B 内部结构

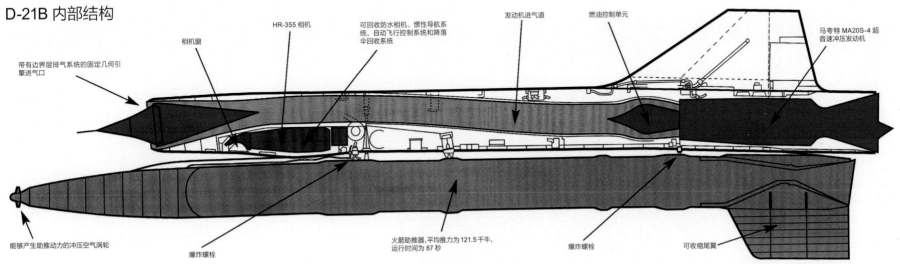

带有边界层排气系统的固定几何引擎进气口

相机窗

HR-355 相机

可回收防水相机、惯性导航系统、自动飞行控制系统和降落伞回收系统

发动机进气道

燃油控制单元

马夸特 MA20S-4 超音速冲压发动机

能够产生助推动力的冲压空气涡轮

爆炸螺栓

火箭助推器,平均推力为121.5千牛,运行时间为87秒

爆炸螺栓

可收缩尾翼

D-21B 无人机的示意图。(图:洛克希德公司)

1971 年 3 月 20 日，这架 D-21B 在第四次侦察飞行途中因电气系统出现故障而失控坠落。此后，
D-21B 无人机不再被用于执行任务。(图：作者收藏)

1971 年 7 月 23 日，"高级碗"计划相关人员于计划结束当天在比尔空军基地合影。在此之前，"高级碗"计划是美国军方的最高机密之一。计划进行期间，有 16 架 D-21B 无人机通过波音 B-52H "同温层堡垒"轰炸机进行了空中发射，并完成了训练或作战任务。参加该计划的人员，都要经过最高机密审查并获得特殊访问权限许可，这在现在依旧属于机密信息。所有"高级碗"计划的参与人员都必须按照专门的级别制度排列位次，且和之前的身份高低无关。在计划进行的过程中，所有人还必须签署各种安全文件，郑重承诺自己永远不会透露任何有关 D-21B 的消息，也不会与任何不同级别的人讨论工作。（图：作者收藏）

停在美国国家航空航天局爱德华兹空军基地德莱顿飞行研究中心的三架 D-21B 无人机。(图：作者收藏)

1971 年 7 月 23 日，第 4200 支援中队退出了"高级碗"计划。剩余的 17 架 D-21B 无人机被从 51 区转移到了诺顿空军基地。(图：作者收藏)

停在戴维斯蒙森空军基地航空维护与重建中心的一架 D-21B 无人机。(图：作者收藏)

M-21 "标签" 无人机发射母机

停在51区的跑道上的M-21"标签"无人机发射母机、D-21子机和作为追逐机的F-104G"星式"战斗机（编号：56-0801）。注意看D-21那薄如蝉翼的机头和机尾，这样的设计只有在早期飞行试验中才看得到。（图：洛克希德公司）

M-21 "标签" 无人机发射母机

型号：M-21	最大起飞重量：53000 千克	设计速度：3.24 马赫（3460 千米／时）
别名：标签	首航日期：1964 年 12 月 22 日	实用升限：24000 米
用途分类：无人机发射母机	末航日期：1966 年 7 月 30 日	战斗范围：可空中加油无限续航
长度：31.17 米	乘员数：2 人	武器挂载量：1 架 D-21 无人机和 5000 千克重的炸弹
翼展：16.94 米	总生产数量：2 架	
高度：5.61 米	动力装置：1 台普拉特·惠特尼 J58（JT11D 2020）发动机	

作为 D-21 无人机的发射母机，M-21 是被独立研发的。而且 D-21 的研发全程保持高度机密的状态，没有任何消息证明两者之间是有联系的。1963 年 3 月 20 日，洛克希德公司拿下了中央情报局 D-21 无人机的研发合同，该合同要求洛克希德公司完成导航系统、冲压发动机和机身等部分的设计研发工作。在早期，该机代号被初定为 Q-12，后来才被改为 D-21。

根据研发计划，D-21 是一款高速高空侦察无人机。从某种意义上来看，D-21 就是一架小号的无人驾驶的 A-12 "牛车" 侦察机，但性能却没有被打折扣。D-21 被认为是一款 "单程飞机"，暗指它在完成任务后就会自毁。在 D-21 尚处于设计阶段时，就有两架 "牛车" 被改装成了发射母机，可让 D-21 搭乘在发动机和垂直稳定器之间的后中心线上加装的背部吊舱处。"牛车" 原先的仪器舱被改装为发射控制员使用的第二驾驶舱——该舱室经过了加压和冷却处理，其改装相对容易。

到目前为止，共有两架 "牛车" 作为 D-21 无人机的母机被改装成为 M-21。"M" 取自英文单词 "Mother" 的首字母，意为 "母亲"。之所以将 Q-12 更名为 D-21，也是因为 "D" 是英文单词 "Daughter" 的首字母，意为 "女儿"。代号中的数字 "1" 和 "2" 被颠倒也是为了避免不同型号之间产生混淆。

1963 年 12 月 31 日，凯利·约翰逊通过风洞试验和对论文的研究，认为 M-21 在发射子机时会遇到困难。他的原话如下："要想应对机身上产生的冲击波是非常困难的事情。我虽然一贯坚持要用全功率进行发射，但在这种情况下，发动机的燃油空气比会出问题，并可能造成熄火。" 一个月后，他在记录中写道："我们又对子机的发射做了研究，最近的风洞测试结果让人沮丧，看来必须要推迟发射的时间了。发生这样的问题是因结构所限，也就是因为吊舱的长度不够，这会产生一些我们之前没意识到的空气动力学上的问题。不过，我觉得就算想办法去解决眼下的问题，之后还是会碰到其他类似的新问题。"

在 D-21 无人机研发工作进行的同时，两架作为发射母机的 M-21 也正在伯班克工厂马不停蹄地进行生产。为应对凯利在试验中遭遇的问题，研发团队开发出了一款低阻力独立背装吊舱，其强度足以在 3 马赫的飞行速度下支撑起

4989 千克重的 D-21 无人机。该吊舱包含一根带锁钩的主体支柱、一处用于紧急丢弃子机的辅助锁装置，以及用于冷却子机并在发射前为其加满燃料的加油管线。子机的脱离是通过进行低加速度俯冲（0.9 倍重力加速度）完成的，而并非强制弹出。

1964 年 6 月 19 日，在臭鼬工厂的 309 号楼和 310 号楼，针对 M-21（编号：134）和 D-21（编号：501）的子母双机密合度所进行的检查成功完成，其间两者顺利进行了多次脱离和归位。8 月 12 日，两架飞机被运至格鲁姆湖空军基地进行首次飞行测试。12 月 22 日，M-21 和 D-21 在 51 区成功首航。子母双机的飞行情况良好，尽管发动机功率还是偏低，但它们在首航就已达到超音速。值得一提的是，就在同一天，首架 SR-71A "黑鸟" 侦察机在洛克希德公司的棕榈谷工厂成功首航。

不过自此以后，"标签" 计划总体上就进展得相当缓慢了。至 1965 年 5 月中旬，子母双机的飞行速度已可达到 2.6 马赫，但依旧不能满足发射速度。1965 年 5 月至 10 月 21 日，凯利·约翰逊决定改用推力能达到 15422 千克的普拉特·惠特尼 J58K 型发动机，并将汉密尔顿标准进气控制系统改为由凯利团队自主设计的系统。

在最高当局的授权下，由几位测试人员组成的一支小队搭乘 C-130"大力神" 运输机飞赴位于第 42 空军工厂 2 区的 SR-71 "黑鸟" 侦察机组装区域。这支小队的任务是护送库中仅存的三架 K 型发动机——它们可使母机获得 "达到发射子机的速度的动力"。

1966 年 3 月 5 日，"标签" 计划的研发团队终于迎来了希望的曙光——一架 D-21 无人机从母机上，以预期的速度成功发射。这表明洛克希德公司已经成功开发出了子机发射技术。在这次试飞中，操纵 M-21 母机的是臭鼬工厂首席试飞员比尔·帕克，担任发射控制员的是基思·贝斯维克（Keith Beswick）。

这张照片是在 51 区的 3 号机库拍摄的。M-21(编号：60-6940/134)的机身由天然金属和复合板制成，并使用"红点"涂料公司的铁球涂料进行涂装。"黑鸟"系列的所有飞机都是用该涂料进行涂装的。(图：洛克希德公司)

工作人员第一次为 M-21 母机进行子机的密合度适配。（图：洛克希德公司）

1964 年 12 月 22 日，工作人员准备进行 M-21 母机（编号：60-6940/134）的首航。（图：洛克希德公司）

早期飞行测试时的 D-21 无人机的锥形机鼻特写。(图：洛克希德公司)

由于机头强度低和进气口锥体弹出的问题，早期的 D-21 无人机（编号：503）的机体复合脊板遭到了极大的损坏。（图：洛克希德公司）

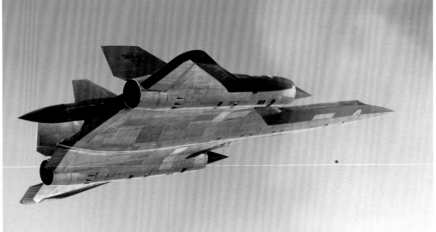

这三张照片展示的是 M-21 和 D-21 子母双机进行首航时的场景。M-21 母机由比尔·帕克驾驶；作为追逐机的 F-104G "星式" 战斗机由阿特·彼得森（Art Peterson）驾驶。（图：作者收藏）

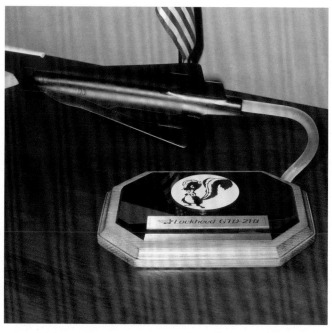

1965 年 5 月中旬，洛克希德公司首席试飞员比尔·帕克驾驶一架 M-21（编号：60-6941/135）进行了该机的首航。1966 年 7 月 30 日，该机于加州穆古角以西 321 千米处因发射子机失败而坠毁。（图：洛克希德公司）

D-21B 的 1：48 带支架模型，由本书作者在 20 世纪 70 年代中期制作并赠送给了本·里奇。（图：洛克希德公司）

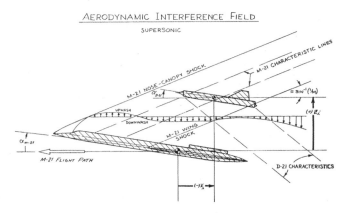

M-21（编号：60-6941/135）在 51 区的跑道上进行滑行，准备进行首次系留飞行试验。（图：作者收藏）

子母双机进行空中分离的动力学示意图。（图：作者收藏）

SR-71A "黑鸟" 侦察机（"高级皇冠" 计划下的产物）

于 20 世纪 90 年代初被分配给美国国家航空航天局的三架 "黑鸟"。从左到右依次为："黑鸟" 量产机（编号：61-7980/2031；美国国家航空航天局注册号：844）、"黑鸟" 双座教练机 SR-71B（编号：61-7956/2007；美国国家航空航天局注册号：831）和 "黑鸟" 量产机（编号：61-7971/2020；美国国家航空航天局注册号：832）。（图：作者收藏）

SR-71A "黑鸟" 侦察机（"高级皇冠" 计划下的产物）

型号：SR-71A

别名：黑鸟

用途分类：战略侦察机

长度：32.74 米

翼展：16.94 米

高度：5.64 米

最大起飞重量：68946 千克

首航日期：1964 年 12 月 22 日

末航日期：1999 年 10 月 9 日

乘员数：2 人

总生产数量：32 架

动力装置：2 台普拉特·惠特尼 J58（JT11D 2020）发动机

设计速度：3.24 马赫（3460 千米 / 时）

实用升限：26594 米

战斗范围：可空中加油无限续航

装备：相机数台、电子对抗设备、高级合成孔径雷达和防御设备

可以说，没有任何飞机能像 SR-71 "黑鸟"侦察机那样牵动着公众的心了。现在，虽然"黑鸟"已经退役了很长时间，但去航展参观的人没有不想看"黑鸟"近地飞行的英姿的。"黑鸟"的人气之所以高，是因为它自问世以来就打破了多项飞行纪录，且其中有许多至今未被后继者超过。"黑鸟"可谓是当时科学技术取得一个接一个突破的象征。要知道，它可是在 50 年代就诞生的空中元老了。"黑鸟"一直以来都是以高速高空飞行的形象示人，连美国国家航空航天局都十分中意"黑鸟"的性能，喜欢用它给自己的航天器做测试。"黑鸟"的实用升限有 26594 米，足以飞到世界的尽头。

1962 年 4 月，凯利·约翰逊首次提出为美国空军在 A-12 "牛车"侦察机的基础上，设计一款集侦察、打击功能于一体的新式飞机。其实，这种想法在 1958 年时就已被提上日程。1962 年 3 月，美国空军以正式签约的形式要求洛克希德公司设计出一款具备摧毁地面目标能力的侦察机，这正中了凯利·约翰逊的下怀。

这架新式飞机虽然是由 A-12 发展而来的，但却有着很多大大小小的变化。比如，本来载有传感器设备的仪器舱被改装成了副驾驶舱；因燃料箱和传感器安装方式的不同，新式飞机的机身与 A-12 相比又有轻微拉伸。

不过，当时曾出现过钛薄板材料短缺的问题。钛材料一直以来都是臭鼬工厂的宠儿，也是 A-12 系列飞机生产中的最重要的一环，和该材料有关的所有生产和应用都十分严格。1981 年 12 月，凯利·约翰逊在他的一篇报告中写道："臭鼬工厂的人一般不喜欢没事做就写各种报告搞文书工作。但对象如果是钛的话就另当别论了，我们可太喜欢这个东西了。迄今为止，我们已经生产了 1300 万个钛材料零件。除了最初用于轧机浇注的那一部分零件没有留下详细记录外，剩下的 1000 万个钛材料零件都有可以追溯的历史。就钛质板材来说，我们甚至可以查到其切割表面纹路的方向。"

所有与 R-12 和 RS-12 相关的研发事项在臭鼬工厂、美国空军和中央情报局等相关部门的范围内都是完全保密的。一直到 1964 年 7 月 24 日，约翰逊总统才对外公开宣布洛克希德公司研发出了一款全新的、飞行速度可达 3 马赫的飞机。他当时的原话是：

我宣布，我们国家已成功研发出一款全新的战略人控飞机——SR-71，该机将接受战略空军司令部管辖。该机能够实现全球范围内的远距离战略侦察。该机的型号名原为 RS-70，参谋长联席会议在对其进行审查时强调了战略侦察的重要性。SR-71 拥有世界领先的侦察系统，搭载了各种先进观测设备，能够在 24 千米的高空上以三倍音速飞行。在军事上，该机将为美国战略部队提供出色的远程侦察能力。

该机将用于与国外军队作战等其他目的。

SR-71 装备了与先前公布的截击试验机相同的 J58 系发动机，但拥有更高的载荷和更远的飞行距离。更高的载荷使其能够容纳更多战略侦察所需的传感器。这项研发计划耗资 10 亿美元，于 1963 年 2 月正式启动。第一架成品机预计将于 1965 年年初接受飞行测试。然后，战略空军司令部就会开始调动生产单位量产该机。

1964 年 12 月 22 日，"大个子"鲍勃·吉利兰（Bob Gilliland）完成了"黑鸟"的首航。（图：洛克希德公司）

正在进行首航的"黑鸟"。(图：洛克希德公司)

"黑鸟"进行首航当天的照片。远处的是由试飞员阿特·彼得森驾驶的、作为追逐机的F-104"星式"战斗机。（图：洛克希德公司）

1964 年 12 月 22 日,洛克希德公司的试飞员鲍勃·吉利兰(Bob Gilliland) 驾驶空军版"黑鸟"完成了飞行任务。（图：洛克希德公司）

1964 年秋,"黑鸟"的量产型号——SR-71A（编号：61-7954/2005）在进行前机身与后机身的拼接。其中,该机的后机身原本是为军用版 F-12B 设计的。（图：作者收藏）

"黑鸟"生产线上的最后一批成品机。(图：洛克希德公司)

位于臭鼬工厂 309 机库与 310 机库的装配区。(图：作者收藏)

洛克希德公司的伯班克工厂生产线一景。由近及远，这几架"黑鸟"的编号依次是：61-7968/2019、61-7969/2020、61-7970/2021、61-7971/2022 和 61-7972/2023。（图：洛克希德公司）

"黑鸟"量产机在试飞员鲍勃·吉利兰的操控下首次升空。(图:作者收藏)

地勤人员和公司技术人员正为首航做准备。(图:作者收藏)   "黑鸟"量产机(编号:61-7950/2001)的全身照。这架"黑鸟"正准备进行首航。(图:洛克希德公司)

侦察系统驾驶员所使用的仪表板。（图：作者收藏）

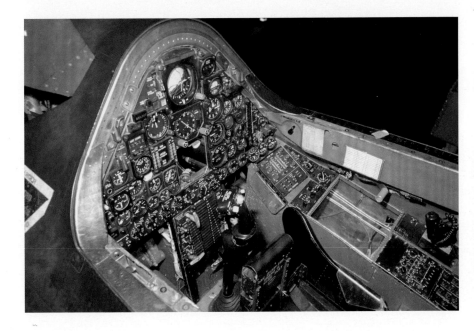

"黑鸟"教练机改型机 SR-71C（编号：61-7081/2000）的教练员驾驶舱。（图：作者收藏）

一架"黑鸟"量产机（编号：61-7972/2023）的驾驶舱。（图：洛克希德公司）

加大了尾梁尺寸的"黑鸟"改型机 SR-71A /BT（编号：61-7959/2010）完成了空中加油。（图：作者收藏）

左起：臭鼬工厂制造部高级副总裁鲍勃·墨菲（Bob Murphy）、第 42 空军工厂指挥官汤姆·琼斯（Tom Jones）、臭鼬工厂总裁兼总经理本·里奇。（图：作者收藏）

唯一一架加大了尾梁尺寸的、有着"大尾巴"外号的 SR-71A /BT，其加长尾椎上印有照片识别标记，以观察尾锥的上下运动是否会干扰到降速伞的打开。（图：作者收藏）

20 世纪 70 年代初，冲绳嘉手纳空军基地锤头岩跑道，两架量产"黑鸟"正准备起飞，它们的编号分别是 60-7972/2023 和 61-7979/2030。（图：作者收藏）

1979 年 11 月，这架量产型"黑鸟"（编号：61-7967/2018）正在冲绳嘉手纳空军基地锤头岩跑道上滑行。该机的机尾尾翼上印有独特的红色数字"1"加黄色闪电标识。包括这架飞机在内，仅有四架"黑鸟"被允许在机尾印上艺术标识。（图：作者收藏）

1987 年 5 月 19 日，在内布拉斯加州奥夫特空军基地"将军丘"举办的摄影开放日活动。图为活动现场的一架"黑鸟"量产机（编号：61-7971/2022）。（图：作者收藏）

1987年7月21日，这架量产型"黑鸟"（编号：61-7973/2024）因故损毁，在棕榈谷毒辣辣的阳光下暴晒。（图：作者收藏）

"黑鸟"的双座教练机改型机 SR-71B（编号：60-7956/2007）。比尔·韦弗（Bill Weaver）和乔治·安德烈（George Andre）驾驶它在1965年11月18日完成了首航。该机是1966年1月7日比尔空军基地交付给空军的第一架"黑鸟"系列飞机。（图：作者收藏）

一架"黑鸟"的双座教练机改型机 SR-71B（编号：7957/2008）正准备执行任务。它的生产自 1964 年 8 月 28 日始，于 1965 年 6 月 21 日完成。鲍勃·吉利兰和吉姆·伊斯特汉姆驾驶该机在 1965 年 12 月 10 日完成了首航。该机的末航日期是 1968 年 1 月 11 日。（图：洛克希德公司）

一架量产型"黑鸟"（编号：61-7978/2029）。比尔·韦弗和史蒂文·贝尔格驾驶该机在1967年7月5日完成了首航。该机的末航日期是1972年7月20日。（图：作者收藏）

1981年2月18日，这架量产型"黑鸟"（编号：60-7975/2026）飞往加州河滨郡马奇空军基地，准备参加展示。
（图：作者收藏）

一架YF-12原型机（编号：60-6935/1002）在飞越爱德华兹空军基地附近被积雪覆盖的莫哈韦沙漠的途中，在一架隶属加州马奇空军基地的KC-135Q加油机协助下进行空中加油。（图：洛克希德公司）

1995 年 4 月 19 日，加州棕榈谷第 42 空军工厂 2 区，一架发动机加力燃烧室全功率运转的量产型 "黑鸟"（编号：61-7971/2022）。（图：洛克希德公司）

X-26 "护卫舰" 训练机

一架 X-26A 滑翔机在加州文图拉附近的穆古海军基地（洛杉矶市中心以北约 128 千米）举办的航展上被展出。（图：作者收藏）

X-26 "护卫舰" 训练机

型号：Q-Star 或 X-26

别名：护卫舰

用途分类：研究训练机

长度：8.15 米

翼展：17.34 米

高度：2.82 米

最大起飞重量：650 千克

首航日期：1967 年 7 月

末航日期：1969 年

乘员数：2 人

总生产数量：7 架

动力装置：1 台大陆 O-200 气冷式四缸四冲程发动机

设计速度：0.21 马赫（254 千米 / 时）

实用升限：3962.4 米

作战范围：不适用

武器挂载量：不适用

X-26 "护卫舰" 训练机是 X 计划中 "寿命最长" 的机型。它包含了两个子型号：X-26A 滑翔机（QT-2）和电动 X-26B 静音推进器改型（QT-2PC 与 QT-2PCII）。以上所有机型，都是由谢维泽公司的 SGS 2-32 型滑翔机改进而来的。

X-26A 被美国海军用于飞机偏航和滚动耦合训练。因为其他的喷气式教练机如果被用来做这一类训练容易发生危险，而基于滑翔机改进而来的 X-26A 对机体微动的反应性更迟缓，相对易于操控，更适合作为训练平台。美国海军最初订购了四架 X-26A，在其中三架坠毁后又加购了一些新机。

两架谢维泽 SGS 2-32（编号分别是 67-15345 和 67-15346）在美国海军试飞员学校进行的 X-26 计划中，被洛克希德公司改造成了 QT-2，并赋予其民用注册号（分别是 N2471W 和 N2472W）。1967 年，洛克希德公司对该飞机又进行了进一步改装——加装了大陆 O-200 发动机、V 型带降转速系统、四桨叶螺旋桨，并对其机身进行了升级。

后来，已经具备了静音飞机能力的 QT-2 又被继续改装成军用的 QT-2PC——在机尾印有编号 "1" 和 "2"，配备了政府特供的航空电子设备和夜间伪装。其中 "1" 号 QT-2PC 被赋予了新的编号：67-15345；而 "2" 号则被拆解，作为 "零件库" 随用随取。最初的 X-26 的滑翔机子型号的型号名为 X-26A。在它的基础上，洛克希德公司又进一步改造出一架 "Q- 星" 单螺旋桨飞机（室内测试用）和 11 架军用量产型 YO-3A。1968 年，两架 QT-2PC 在成功进行了 "奖励机组" 秘密战术空中观察评估后，于 1969 年返回美国海军试飞员学校。此后，该机型的型号名被变更为 X-26B。

截至 2019 年，这两架 X-26B 飞机都尚存于世。第一架 X-26B 被称为 QT-2PC 1（编号：N2471W），被收藏于阿拉巴马州拉克堡美国陆军航空博物馆中。2019 年，N2471W 这一编号被重新分配给了科罗拉多州博尔德高空滑翔机公司所有的另一架谢维泽 SGS 2-32 型滑翔机（7 系，曾用编号为 N2758Z）。第二架 X-26B（QT-2PC 2，编号为 N2472W）被还原成了 SGS 2-32 型滑翔机（人们称它为 "72 威士忌"），被博尔德高空滑翔机公司用于观光娱乐。

"Q- 星" 单螺旋桨飞机是首架由旋转燃烧室发动机驱动的飞机。

YO-3A 作为军用量产机，在 1969 年年中至 1971 年年末完成了战术评估。后被路易斯安那州野生动物和渔业部以及联邦调查局用于执法，并被美国国家航空航天局用于科学研究。它们中的一架（编号：69-18005）在华盛顿州西雅图飞行博物馆被展出，一架（编号：69-18006）在亚利桑那州图森的皮马航空航天博物馆被展出，一架（编号：69-18007）在加州托伦斯西部飞行博物馆被展出。截至 2020 年，还有一架（编号：69-18010。美国国家航空航天局注册号：818）YO-3A 被储放在阿姆斯特朗飞行研究中心，随时可以飞行。

两架谢维泽 SGS 2-32 型滑翔机中的一架（编号：67-15347。美国联邦航空管理局注册号：N2472W）。（图：作者收藏）

1966 年年底，飞机结构改装专家团队在位于加州特雷西市机场的洛克希德改装中心进行 QT-2PC 的改装。
这里也被称为"臭鼬北部工厂"。（图：作者收藏）

1968 年，相关工作人员正在对飞机进行检查。（图：作者收藏）

1968 年，一架停在朔庄陆军机场的 QT-2PC。这架飞机一次又一次地在炎热地区执行飞行任务，经常遭受防空火力的攻击。（图：作者收藏）

朔庄陆军机场的地勤人员正在处理 QT-2PC 的左机翼。（图：作者收藏）

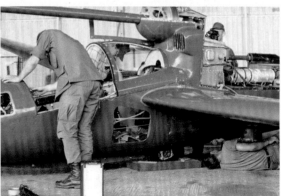

三名地勤人员正在重新组装 QT-2PC。（图：作者收藏）

地勤人员正在从 C-130 "大力神" 运输机上卸下 QT-2PC。之后，美军将对 QT-2PC 进行为期 6 个月的战斗环境评估。（图：作者收藏）

AH-56A "夏延" 武装直升机

1966 年春,停放在南加州范奈司机场的一架"夏延"武装直升机的全比例试验模型。(图:洛克希德公司)

AH-56A "夏延" 武装直升机

型号:AH-56A	最大起飞重量:11740 千克	设计速度:0.3 马赫(362 千米/时)
别名:夏延	首航日期:1967 年 9 月 21 日	实用升限:6100 米
用途分类:武装直升机	末航日期:1969 年 4 月 10 日	作战范围:不适用
长度:16.66 米	乘员数:2 人	武器挂载量:机头炮塔 1 座、机腹炮塔 1 座、挂载点 7 处
旋翼直径:15.62 米	总生产数量:10 架	
高度:4.18 米	动力装置:1 台通用电气 T64-GE-16 涡轮轴发动机	

在 20 世纪 60 年代，美国陆军实施了 AH-56A "夏延"武装直升机研发计划。如果这一研发计划能顺利达成目标，则足以在军用领域改变战争；哪怕是在民用领域，也可能会改变整个航空业。不过，这一计划由于成本和技术问题，终究还是没能成为现实。可能在当时，"夏延"还是过于先进了。据一位驾驶过"夏延"的飞行员所说，这款直升机的飞行表现虽"令人叹为观止"，但也有很多小问题一直没能得到解决。

"夏延"还有个别称，叫作"高级空中火力支援系统"。美国在越南战场加强兵力时，让"夏延"直升机充当空对地支援的关键性角色，无疑是美国在空中战场上的一次大胆尝试。同时，作为一款高度复杂的复合旋翼直升机，"夏延"沿用了 XH-51A 复合式直升机的一系列首创设计。

"夏延"具有细长的机身，装有可收放起落架、跨度近 8 米的两只短翼，以及一台带有四叶转子的通用电气 T64-GE-16 轴涡轮发动机。随着技术的进步，"夏延"的发动机的额定功率被一步步增加到了 3922 马力，足以为刚性四叶陀螺稳定的主旋翼、尾部的反扭矩旋翼和尾梁末端的推进螺旋桨提供澎湃动力。在进行垂直飞行和悬停飞行时，发动机产生的所有动力都能施加到主旋翼和反扭矩旋翼上；而在进行前飞时，除约 700 马力被用于稳定垂直方向的飞行（由短翼和主旋翼负责产生升力）外，其他所有的动力都能被施加到推进螺旋桨上。在一般情况下，采用标准配置的"夏延"直升机的海平面速度能达到 442 千米 / 时以上。

美国陆军在"夏延"身上下了很大的功夫，一度可谓是雄心勃勃。美国陆军认为，"夏延"的最高时速应该能达到 407 千米 / 时，能够在距地面 1.8 千米处完成悬停动作，并具备 3889 千米的航程。值得注意的一点是，"夏延"能够进行长距离自我部署，比如独立完成从加州至夏威夷的 3540 千米的长途飞行。尽管洛克希德公司在之前几乎没有生产直升机的经验，但美国陆军还是在 1966 年选择了该公司的方案。

"夏延"直升机的驾驶舱可容纳两名并排而坐的驾驶员，其机载武器包括机腹炮塔上的一门 30 毫米 XM140 加农炮和机头炮塔上的一门 40 毫米 XM129 榴弹发射器（或 7.62 毫米机枪）。该机的机翼下方设有 6 处弹药挂载点 ①，可装载休斯公司的"陶式"反坦克导弹或 2.75 英寸折叠尾翼火箭。除此之外，"夏安"还拥有先进的武器瞄准系统，比如夜视设备和头盔瞄具。美国陆军对"夏延"的研制工作非常上心，他们在 1968 年 1 月和洛克希德公司签下了第一笔 375 架的生产订单（虽说最后该机只实际生产了 10 架）。1967 年 9 月 21 日，陆军中校埃米尔·杰克·克鲁弗（Emil "Jack" Kluever）和试飞员唐纳德·塞格纳（Donald R. Segner）驾驶"夏延"原型机在范奈司机场进行了首航。但他们在试飞过程中发现，"夏延"在接近地面和高速飞行时很难保持稳定。虽然后来的种种改进方案都多少有一些效果，但研发团队却一直没能找到完美的解决方法。1969 年 3 月 12 日，第三架"夏延"失事坠毁，美国方面决定暂时停飞该系列直升机。

1969 年 7 月，美国方面再次启动了"夏延"直升机的飞行试验。许多评论家都认为，美国陆军取消生产订单的决定做得太早了，这导致了研发成本的增加。此前在 1967 年 10 月，一款性能不如"夏延"的直升机（AH-1G "休伊"眼镜蛇武装直升机）在战场上取得了不错的成绩。

如果当初"夏延"的研发团队能够克服技术上的困难，且没有遇到政治干预，那么"夏延"一定可以成为一种强大的武器。从某些方面来看，它比现在的 AH-64D "长弓阿帕奇"武装直升机更为先进——特别是在一些高空性能表现上。理查德·伯奇（Richard Berch）在亚利桑那州尤马试验场驾驶了"夏延"后表示："它的表现简直令人难以置信，它一定能在军用航空领域掀起惊涛骇浪。就算在民用领域，它也能颠覆整个短途载客业务。"

---

① 译者注：原文如此。

1966 年秋，首架"夏延"（编号：1001）在范奈斯机场接受陆军军官的检阅。(图：洛克希德公司)

"夏延"的生产线。照片中的这架"夏延"的编号为1003。（图：洛克希德公司）

在组装夹具中的第 7 架"夏延"，即将完工。（图：洛克希德公司）

"夏延"搭载的动力装置——通用电气 T64-GE-16 涡轮轴发动机。(图：洛克希德公司)

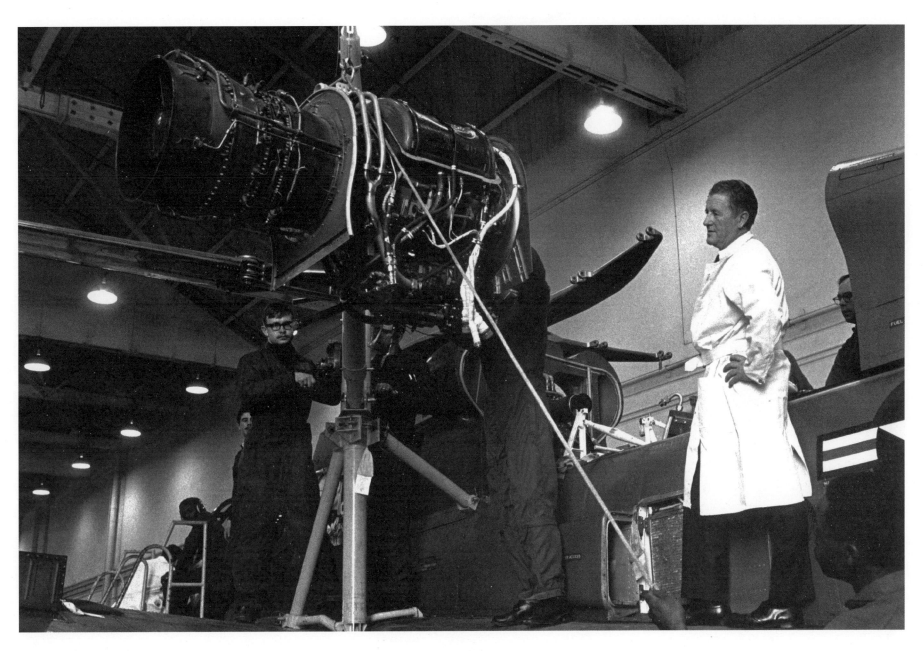

通用电气 T64-GE-16 涡轮轴发动机。(图:洛克希德公司)

在范奈司机场的生产工厂中，一架"夏延"正在特殊夹具中进行静态机身的压力和疲劳试验。（图：洛克希德公司）

有时候工作人员为了操作方便，会将大型飞机的机身倒置。这架"夏延"（编号：1000）正在接受结构疲劳试验。（图：洛克希德公司）

一架"夏延"模型机正在接受风洞测试，以期验证通过顶篷和机翼组件上方的气流是否会对刚性叶片产生干扰。（图：洛克希德公司）

范奈斯生产工厂的"夏延"直升机生产线。（图：洛克希德公司）

首架"夏延"直升机在生产夹具中。（图：作者收藏）

第一架"夏延"在"夏延堡"中。洛克希德公司的技术人员将三片桨叶都调至最大偏转状态后进行试验。（图：洛克希德公司）

十架"夏延"中的最后一架在进行高应力和高扭矩测试时,其主旋翼桨叶发生故障。(图:洛克希德公司)

一架"夏延"正在范奈司机场接受高速刚性旋翼测试。这片专门围起来的测试区域被称为"夏延堡",可防止主旋翼桨叶在分离时从外壳中脱落。(图:洛克希德公司)

"夏延"的后驾驶舱。舱内布局相当标准,在操纵杆前的是活动地图显示器。(图:洛克希德公司)

256

"夏延"位于前部的武器操作员驾驶舱。炮塔控制杆位于左侧，光学观察目镜位于下方，武器选择面板位于武器操作员的双腿之间。仪表板右上方的浅灰色装置是早期的抬头式观测目镜。（图：洛克希德公司）

两架"夏延"停在范奈司机场的机库前。直升机的挂载武器陈列于前。（图：洛克希德公司）

一架"夏延"（编号：2006）从位于外翼的武器吊舱中发射了两枚 2.75 英寸火箭弹。（图：洛克希德公司）

"夏延"（编号：1006）的推进式螺旋桨。（图：洛克希德公司）

这架"夏延"（编号：1006）从标准橄榄色哑光涂装被改为适用于越战的三色丛林迷彩。（图：洛克希德公司）

"夏延"的机载武器。(图：洛克希德公司)

三架"夏延"正进行编队飞行测试。(图：洛克希德公司)

三架"夏延"正从洛杉矶以北的奥克斯纳德县机场起飞。(图：洛克希德公司)

一架正在进行飞行试验的"夏延"。可以清楚地看到它宽大的短翼和推进式螺旋桨。(图：洛克希德公司)

1967 年 9 月 21 日，第二架原型机（编号：1002）完成了首航。（图：洛克希德公司）

这架"夏延"（编号：1003）没有安装机头武器或武器吊舱，整体线条显得非常简洁。（图：洛克希德公司）

这架"夏延"(编号：1005)有着独特的橙色标记，它正在飞越加州奥克斯纳德文图拉县的绿色田野。(图：洛克希德公司)

"夏延"（编号：1006）的飞行姿态。（图：洛克希德公司）

这架停在斯纳德县机场的坡道上的直升机（编号：1009），是最后一架可执行飞行任务的"夏延"。（图：洛克希德公司）

这架"夏延"（编号：1007）配备了一门 30 毫米 XM-140 机炮，其外翼吊舱上搭载了 19×2.75 英寸火箭发射器。（图：洛克希德公司）

试飞员雷·古戴立于 XH-51A 复合式刚性旋翼直升机前。后面一架直升机是"夏延"（编号：1002）。这两种型号的直升机都在范奈司机场进行了飞行测试。（图：洛克希德公司）

一架"夏延"（编号：1005）正高速飞越加州圣巴巴拉以北的海岸山山麓。（图：作者收藏）

"夏延"的后尾桨。（图：作者收藏）

1967年5月3日，美国陆军中将威廉·邦克（William B. Bunker）与第一架"夏延"直升机。（图：洛克希德公司）

与这架"夏延"（编号：1006）合影的是洛克希德公司的试飞员唐纳德·赛格纳。截至退休，他在飞机的驾驶、测试、设计和研发方面已拥有 55 年以上的经验。（图：洛克希德公司）

这位站在"夏延"（编号：1002）前的是该型号直升机的三位主要试飞员之一、高级直升机试飞员埃米尔·杰克·克鲁弗。（图：洛克希德公司）

站在"夏延"直升机前面的两位试飞员分别是：唐纳德·塞格纳（左）和埃米尔·杰克·克鲁弗（右）。（图：洛克希德公司）

U-2R "蛟龙夫人" 侦察机

2011 年 4 月 14 日，一架美国国家航空航天局专用的 ER-2A（即 U-2R）在棕榈谷第 42 空军工厂附近飞行。（图：吉姆·穆莫）

U-2R "蛟龙夫人" 侦察机

型号：U-2R/S	最大起飞重量：18000 千克	设计速度：0.54 马赫（660 千米 / 时）
别名：蛟龙夫人	首航日期：1967 年 8 月 28 日	实用升限：23241 米
用途分类：战略侦察机	末航日期：至少会服役到 2026 年	作战半径：11265 千米以上
长度：19.2 米	乘员数：1 人（教练机 TU-2R/S 位 2 人）	武器挂载量：无武器，配备了重达 2270 千克的摄像头及传感器
翼展：31.47 米	总生产数量：48 架	
高度：4.87 米	动力装置：1 台通用电气 F118-GE-101 发动机	

U-2R"蛟龙夫人"侦察机由其前身 U-2A/G 改进而来（字母"R"的意思是"改进"）。作为一款单座高空喷气式飞机，它被美国空军用于执行情报收集、监视侦察之类的任务。U-2"蛟龙夫人"系列可能是有史以来最为知名的间谍飞机了，其服役历史可追溯至 1956 年。1955 年，"蛟龙夫人"进行了首次试飞；1989 年，该系列飞机停产。

起初，"蛟龙夫人"被中央情报局和美国空军用来监测电子发射、进行大气层采样以获取核武器试验的证据，以及拍摄冷战时期别国领土深处的战略要地。自 20 世纪 60 年代以后，"蛟龙夫人"进一步为美国参与的其他众多战争执行侦察和监视任务。

在"蛟龙夫人"漫长的服役周期当中，它也曾面临来自其他情报收集系统的竞争，如地球轨道卫星和 SR-71"黑鸟"侦察机等。即便如此，"蛟龙夫人"还是一直活跃在军事领域的情报收集第一线——这都是因为它具备灵活的操作性、出色的空气动力学设计和适应性颇强的机身。2011 年，美国空军宣称"蛟龙夫人"系列飞机将在 2015 年后从美国空军退役，它身上的许多功能将被高空长续航无人机继承。

"蛟龙夫人"出自凯利·约翰逊之手，整体由铝材料制成，仅能进行亚音速飞行。它可以在 21 千米以上的高空巡航数小时，有效载荷高达 1360 千克。到 20 世纪 60 年代后期，"蛟龙夫人"的机身在原有基础上扩大了三分之一以上，机身长度增至 19 米，翼展增至 31.47 米。一系列用于测绘和成像地形、检测通信信号，以及执行许多其他情报收集和监视活动的系统被加装在了机头舱室、驾驶舱后部和位于中翼附近的大型吊舱中。

U-2S 是 U-2"蛟龙夫人"家族的最新改型，它采用了单座单引擎配置，可用于收集信号、图像、电子测量和特征情报。它可将由多光谱电光、红外和合成孔径雷达产生的各种图像先行存储或发送到地面通讯中心。此外，它还能够通过光学相机拍摄高分辨率的广域天气覆盖相片，这种相片在被运回地面进行冲印后便被可用来分析相关信息。

"蛟龙夫人"还设有机载信号情报载荷。除实体胶片外所有形式的情报都可以通过空对地或空对星数据链路在世界上的任何地方近乎实时地进行传输，迅速为作战指挥官提供关键信息。测量与特征情报能提供相关领域近期活动的迹象，并找到人造物体的隐藏位置。

因为"蛟龙夫人"通常要在 21 千米以上的高空执行任务，所以飞行员必须穿着和宇航服类似的全套加压服。而飞机的自行车式起落架具有低空操控特性，因此在着陆过程中需要精确控制。再有就是，加长机头和特殊尾翼配置使得驾驶员前方的可见范围也受到较大限制，因此"蛟龙夫人"的副驾驶员的工作是协助主驾驶员进行相关飞行操作。由于以上这些特点，"蛟龙夫人"被公认为是世界上最难飞的飞机。

最新的 U-2S 由重量轻、油耗低的通用电气 F118-101 发动机提供动力，在执行长时间任务时无需进行空中加油。经"Block10"电气系统升级过的 U-2S 用先进的光纤技术取代了传统布线，并降低了电子仪器的整体噪声，为新一代传感器提供了一个更为安静的工作环境。

在"蛟龙夫人"的"可靠性和可维护性提升计划"下，凯利·约翰逊率领团队对飞机的驾驶舱进行了重新设计，用彩色多功能显示器和前置航空电子控制装置取代了过时的 60 年代用的老式圆形千分表。

U-2R 在首航前正在接受飞前检查。（图：作者收藏）

1967 年 8 月，五架 U-2R 在爱德华兹空军基地北基地的原子能机构运营设施中等待被运走。（图：作者收藏）

1967 年 8 月 28 日，试飞员比尔·帕克驾驶首架 U-2R（民事登记号：N803X）进行首航。（图：作者收藏）

新老两代"蛟龙夫人"。两架飞机虽然有着一样的名字，但实际上已经变得全然不同。（图：作者收藏）

伯班克工厂正在生产 TR-1A 侦察机。之后，生产线将被转移到棕榈谷第 42 空军工厂。TR-1A 是 U-2R 的外界宣传用名。（图：洛克希德公司）

洛克希德公司的一名工人正在检查飞机的后机身。（图：洛克希德公司）

U-2R 的整体油箱机翼即将进行总装。（图：洛克希德公司）

1967 年 9 月 9 日，比尔·帕克驾驶第一架 U-2R 进行首航。（图：爱德华兹空军基地）

首架 U-2R 在爱德华兹空军基地北基地的跑道上，准备被运往罗杰斯干湖进行首航。（图：爱德华兹空军基地）

第一架 U-2R 被从爱德华兹空军基地北基地的专用机库中移出。（图：作者收藏）

2017 年 8 月，这架 U-2S（编号：80-1083）正飞往英国格洛斯特郡费尔福德皇家空军基地的 27 号跑道。（图：赛·布里克）

在现存的照片中，"蛟龙夫人"的机身上基本都有特殊标记或专门的涂装。不过，在这张拍摄于 2019 年 4 月 27 日的照片中，这架隶属第 42 空军工厂的 U-2ST 教练机的机身上干干净净的。(图：吉姆·伊斯特汉姆)

2019 年 9 月，这架隶属第 9 战略侦察联队的 U-2S（编号：80-1071）刚从英国格洛斯特郡费尔福德皇家空军基地的 09 号跑道上起飞。（图：赛·布里克）

2019 年 9 月，这架隶属第 9 战略侦察联队的 U-2S（编号：80-1071）刚从英国格洛斯特郡费尔福德皇家空军基地 09 号跑道上起飞。（图：赛·布里克）

美国海军考虑将一部分现役"蛟龙夫人"改装成 U-2EPX 海上监视机，用于执行远距离公海侦察和监视任务。（图：洛克希德公司）

U-2EPX 海上监视机能够发现和跟踪俄罗斯军舰与商船，是一种颇有价值的情报工具。(图：洛克希德公司)

2006 年 4 月 17 日，一架 U-2ST 教练机（编号：80-1091/091）正在进行连续起降。（图：作者收藏）

2006 年 4 月 17 日，一架 U-2S（编号：80-1077/077）准备在比尔空军基地的跑道上降落。（图：作者收藏）

2006 年 4 月 17 日，本书作者被允许在比尔空军基地拍摄一架正在进行拆卸作业的 U-2S（编号：80-1094/094）。（图：作者收藏）

2017 年 8 月，一架 U-2S（编号：80-1083/083）
准备在英国格洛斯特郡费尔福德皇家空军基地
的 27 号跑道上降落时，机翼下出现结冰情况。
（图：赛·布里克）

这一架 U-2S（编号：80-1067/067）的机尾处
带有"WR"（华纳·罗宾斯空军基地的简称）
标志。这架飞机隶属华纳·罗宾斯空军基地战
略系统项目办公室。（图：吉姆·穆莫）

X-27 "枪骑兵" 试验机

因为可适应多种不同类型的发动机，所以 X-27"枪骑兵"也相应地设计了多种不同的进气方式。照片中这架模型机的进气口适用于普拉特·惠特尼 F100 PW 系列喷气发动机。(图：作者收藏)

X-27 "枪骑兵" 试验机

型号：X-27	最大起飞重量：16000 千克	实用升限：18300 米以上
别名：枪骑兵	第一次飞行：仅生产了试验模型	作战半径：675.9 千米
用途分类：轻型战斗机	乘员数：1 人	武器挂载量：1814 千克
长度：16.2 米	总生产数量：仅生产了试验模型	
翼展：8.7 米	动力装置：1 台普拉特·惠特尼 TF-30-P-100 涡轮风扇发动机	
高度：2.82 米	设计速度：1.8 马赫（2377 千米/时）	

X-27"枪骑兵"沿用了许多 F-104"星式"战斗机的组件,因此可以说后者基本上就是前者的原型机。1970 年时,德国和意大利仍在生产"星式",所以"枪骑兵"的研制在硬件层面不是问题。新型战斗机如能顺利问世,也不必为市场发愁,因为有九个欧洲国家和六个其他地区的国家在 70 年代后期仍在坚持使用"星式"且好评如潮。与"枪骑兵"试验机对标的拟开发机型 CL-1200,是由洛克希德公司自主开发的,该机在 F-104 的基础上进行了大量重新设计。"枪骑兵"的机翼比"星式"大 53%,其垂尾面积、升力装置、机翼挂载点、进气设计、燃料容量等方面都有提高或增强,其动力装置也改为了普拉特·惠特尼 TF-30-P-100 发动机。此外,"枪骑兵"的前机身视座位数直接沿用 F-104S 或 TF-104G 的设计。

"枪骑兵"项目最初似乎承诺在 20 世纪 80 年代提供一种成本远低于其他最新设计的、具备空中优势的轻型战斗机。但空军中的某些人认为"枪骑兵"有可能对当时新型的 F-15"美利坚之鹰"战斗机开发产生不利影响,遂施加了政治压力。

不过,"枪骑兵"在处于研究阶段时只表现出了有限的技术进步,于是美国空军终止了投产计划。从一方面来看,"枪骑兵"的预估市场一开始便被定在欧洲,这和美国空军不愿与洛克希德公司继续合作有相当大的关系。虽然从理论层面上来说,"枪骑兵"是一款低成本的高性能飞机,但其实际表现却未能让人眼前一亮,几款欧产新式战斗机也足以与之一较高下。

现在仅存的一架"枪骑兵"全尺寸试验模型机借用了 F-104G 的前机身和起落架,其余机身则由木质材料制成,并用金属材料覆盖其上。自始至终都未能研制出成品机的"枪骑兵",就这样慢慢淡出人们的视野。

X-27"枪骑兵"的早期试验模型机基本照搬了 F-104"星式"战斗机。它具有标准尾翼配置,机翼安装在机身顶部而非中部。按照原有设计,"枪骑兵"配备的通用电气 J79-GE 系列喷气发动机,能够与"星式"的进气口兼容。(图:作者收藏)

YO-3A "静音之星"侦察机

"静音之星"有着狭窄的机翼、独特的气泡形驾驶舱盖和木质宽幅螺旋桨,特征鲜明十分容易辨认。在驾驶舱内,驾驶员坐在后座,观察员坐在前座。(图:美国国家航空航天局)

YO-3A "静音之星"侦察机

型号:Y0-3A

别名:静音之星

用途分类:战场观察机

长度:8.94 米

翼展:17.37 米

高度:2.82 米

最大起飞重量:1723.7 千克

首航日期:1971 年

末航日期:1972 年

乘员数:2 人

总生产数量:11 架

动力装置:1 台大陆 I0-360 发动机

设计速度:0.11 马赫(129.7 千米 / 时);最高速度为 0.14 马赫 (165.8 千米 / 时)

实用升限:3962.4 米

战斗范围:约 5 小时续航

武器挂载量:无武器,仅配备了夜视系统和激光目标指示器

在无人机出现之前，侦察机作为军方和情报单位位于天空中的耳目，是珍贵情报的唯一来源。从空中收集的情报改变了很多战争的战局。洛克希德公司生产的 YO-3A "静音之星" 侦察机是历史上最为成功的侦察机之一。

"静音之星" 是由 QT-2 静音飞机衍生出来的产物，它取得了非常大的成功。"静音之星" 各方面的功能都十分强大——机载传感器更为高级、续航里程更远、飞行员的视野更佳。负责研发 "静音之星" 的指定机构是美国陆军，但其他军种也都培养了可以驾驶该机的驾驶员。"静音之星" 的研发始于 1968 年，后于同年 12 月进行了首次试飞。

"静音之星" 较之 QT-2，功能更为先进。它的发动机为前置大陆 IO-300 活塞式发动机（该发动机的功率可达 210 马力）。该机的其他装备包括一台带红外探照灯的夜视航空观测镜、一台激光目标照明器和一台用万向架固定的 6 英寸双视镜，后者能够做到水平方向 360°、上 90° 和下 105° 观测，在当时应该是最强的双视镜了。

第一架 "静音之星" 一开始采用的是六叶螺旋桨动力系统。不过，这样的螺旋桨在越南炎热潮湿的空气中的起飞性能并不尽如人意。后来，洛克希德公司的设计师换用了三叶宽距螺旋桨，改善了飞机的起飞性能。在此之前，飞机必须助跑 1600 米才能升空，在改装了三叶螺旋桨后，助跑距离被缩短了大约一半。

"静音之星" 与它的前身 QT-2 一样，都有着约 17 米的长翼展——在执行侦察任务时可以提供很好的滑翔性能。不过除此之外，这两者就再也没有什么相似之处了。"静音之星" 配备了内置天线（可减少噪音和阻力干扰），以及一根长约 7.9 米、延伸到右侧的排气道——每个气缸在工作中产生的废气都会被直接排放到这个排气道中。除了可以近乎无声地飞行外，"静音之星" 的夜间观察能力也是顶级的。

"静音之星" 上搭载了两套新式的观测设备。最值得一提的就是夜视航空观测镜，这款观测镜采用了高灵敏度光电管，可观测到包括红外线在内的色光，其光谱非常之宽。这套设备安装在飞机下方，位置朝前，观测方向可根据需要调节至各个方向，并且还集成了红外点光源协助观测。即使不开启红外探照灯，夜视航空观测镜也非常灵敏——在月光下的夜晚，它也可以在一千多米以外的地方探测到蜡烛的火焰。另外，该型号的飞机还配备了一款专门为其开发的 6 英寸双视镜（观测范围也非常广）。飞行员在接近目标时，能对目标的状态一览无余。

1971 年，11 架 "静音之星" 被调往越南执行侦察任务。凭借着一身的高新技术，它们成功执行了 1116 次侦察任务，且从未遭受过攻击。据说，"静音之星" 由于性能卓越，甚至从未被敌方发现。不过，尽管 "静音之星" 如此成功，但相关单位在越战之后却没有对它做进一步开发。即便如此，也不能掩盖 "静音之星" 对现代航空业巨大的帮助。它那纤长、高展弦比的机翼、高效的传感器系统和螺旋桨动力系统……都可以在当下最新的无人飞行器上找到影子。这些优秀的配置无论是对当下还是今后的无人机发展都是必不可少的，更别说它所搭载的光学套件更是领先于时代的技术结晶。虽说有些时候，技术的进步并不一定会和实际的需要同步发展，但它们终究可以被成功应用于其他方面。

这是洛克希德公司在 1969 年为美国陆军生产的两架"静音之星"中的一架（编号：6918006/N14425）。它在越战后先是去了路易斯安那州野生动物部服役，后又转隶联邦调查局。（图：作者收藏）

洛克希德公司为美国陆军生产的 11 架"静音之星"中的 8 架，停在加州山景城莫菲特海军航空站。（图：作者收藏）

"静音之星"在越作战期间的原始涂装。（图：作者收藏）

1971 春，第 7 架"静音之星"（编号：69-18007）。（图：作者收藏）

美国空军—洛克希德 YO-3A
机载设备 1970

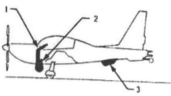

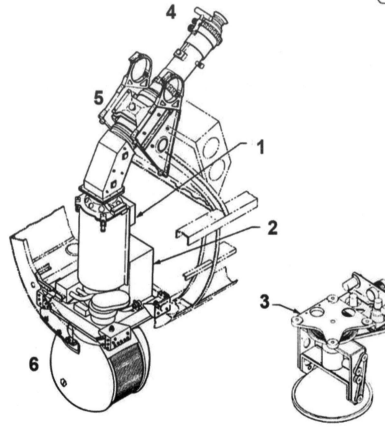

1. 夜视子系统
2. 激光目标指示器
3. 红外照明器
4. 观察员目镜
5. 聚焦管组件
6. 扫描头

"静音之星"的技术图纸。（图：作者收藏）

这架外观独特的"静音之星"曾在越南执行作战任务，后被军方转让给了一所研究飞机结构和动力装置的航天学校。（图：美国国家航空航天局）

这两张照片展示的是一架被部分修复"静音之星"。（图：作者收藏）

在埃弗雷特佩恩机场飞行博物馆修复中心，一架已修复完成的"静音之星"。（图：作者收藏）

1991年8月，一架在皮马航空航天博物馆进行展示的"静音之星"（编号：69-18006）。（图：作者收藏）

"静音之星"的驾驶员坐在驾驶舱后座，而观察员坐在前座。这是因为观察员需要拥有更好的视野。（图：作者收藏）

这架"静音之星"的机载夜视设备包括一架固定夜视航空观测镜和一台红外发光器。（图：作者收藏）

X-24C/L-301 试验机

X-24C 系列设计集合了各式创新，各种改款的外形都互不相同。（图：作者收藏）

X-24C/L-301 试验机

型号：L-301

别名：X 24C（该名称从未正式发布）

用途分类：为美国国家航空航天局和美国空军进行飞行试验

长度：22.81 米

翼展：7.32 米

高度：6.27 米

最大起飞重量：31751 千克

首航日期：1974 年 7 月启动概念研究

末航日期：1977 年 9 月研究取消

乘员数：1 人

总生产数量：不适用

动力装置：西奥科尔 LR-105 火箭发动机、LR-101 续航发动机

设计速度：8 马赫（9881.4 千米 / 时）

实用升限：30480 米

作战范围：不适用

武器挂载量：不适用

随着北美航空 X-15 火箭动力试验机研发计划在 20 世纪 60 年代中期结束，美国国家航空航天局和美国空军决定着手研发后续的高超音速测试机。如美国空军就展开了重要的机密研发项目，美国国家航空和航天局兰利研究中心也启动了两项研究计划：12 马赫高超音速飞机和 8 马赫高速飞机。美国空军曾透露他们打算研制一款速度为 3 至 5 马赫的测试用飞行器，以及另一款速度能在 4.5 至 9 马赫之间切换的飞行器。1974 年 7 月，美国国家航空航天局和美国空军选择了 FDL-8 高超滑翔升力体方案，进而提出了两个设计思路：一种是机体靠前两侧带有进气口，且装备吸气式发动机；另一种是装备先前在 X-15 火箭动力试验机上采用的 XLR-99 火箭发动机。1977 年 9 月，美国国家航空航天局认为研发方案的花费明显超过预算，只得在明面上终止 X-24C 的研发工作。不过在 20 世纪 80 年代，美国空军曾研制出各方面性能都接近 X-24C 的试验机，所以我们有理由相信，当年的 X-24C 计划其实一直在偷偷进行着。

X-24C 也叫 L-301，是一款试验性质的高超音速飞机。不过，这些代号从未通过官方渠道公布。该计划在美国国家航空航天局和隶属美国空军的国家高超音速飞行研究机构的管理下，由洛克希德公司臭鼬工厂进行研发。该计划的内容是自 1977 年 1 月开始，对两款试验机进行为期 8 年的研发，每款试验机都要接受 100 次试飞试验。

在最初的计划中，X-24C 会搭载 XLR-99 火箭发动机，后来又改为使用 LR-105 续航发动机，即擎天神洲际弹道导弹的同款发动机。这种以高精炼煤油 RP-1 和液氧为燃料的火箭发动机可以将 X-24C 加速到高超音速，在 6 马赫的续航速度至 8 马赫的峰值速度和 27 千米以上的空中高度下，点燃安装在机身腹部的超音速燃烧冲压喷气发动机。

按计划，X-24C 需搭乘 B-52 "同温层堡垒"轰炸机进入亚音速，然后升至距平均海平面 13 千米以上的空中高度再进行脱离。同时，X-24C 的助推火箭发动机会被点燃，进行进一步加速。发动机启动初期，由于产生自正向的 2.5 倍重力加速度和火箭轴向推力，X-24C 的整个机体会被施加极大的载荷，并保持相对低的机体温度；在加速阶段结束时，推压降为零，飞机达到巡航条件；在巡航阶段开始时，载荷较之启动阶段减少约 50%；在巡航段结束后不久，机体温度逐渐升高至峰值。为了保证试验环境符合实际情况，X-24C 会在巡航动能耗尽时进行 3 倍重力加速度的高阻力提拉和倾斜动作。在完成这一系列动作的过程中，机身温度和减速期间的飞行载荷都会降低。X-24C 的续航发动机和超音速燃烧冲压喷气发动机在巡航和提速方面各司其职、相得益彰。飞机在加速阶段结束后，会进入平飞状态，可在驾驶员的手动操纵下减速。在减速开始后不久，机体温度就达到峰值。

按照最初的计划，X-24C 应该在 8 年内进行上百次飞行试验，其最高速度应该能够达到 8 马赫，并能够以 6 马赫以上的速度巡航 40 秒的时间。

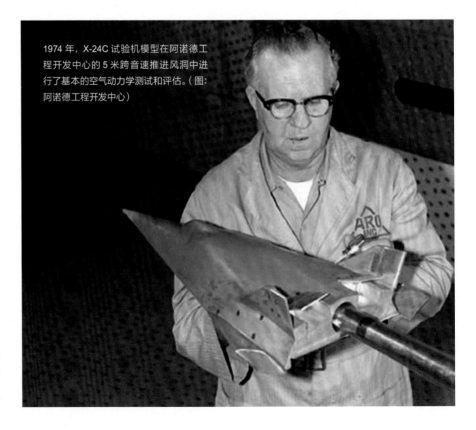

1974 年，X-24C 试验机模型在阿诺德工程开发中心的 5 米跨音速推进风洞中进行了基本的空气动力学测试和评估。（图：阿诺德工程开发中心）

X-24C 的小型风洞模型。该模型带有各种不同的部件、组件，可在最短的时间内更换。（图：作者收藏）

X-24C 试验机经历了一系列重大的设计变更、改进和性能升级，其动力装置可根据具体需求，在超音速燃烧冲压喷气发动机或火箭发动机当中自由选择。（图：作者收藏）

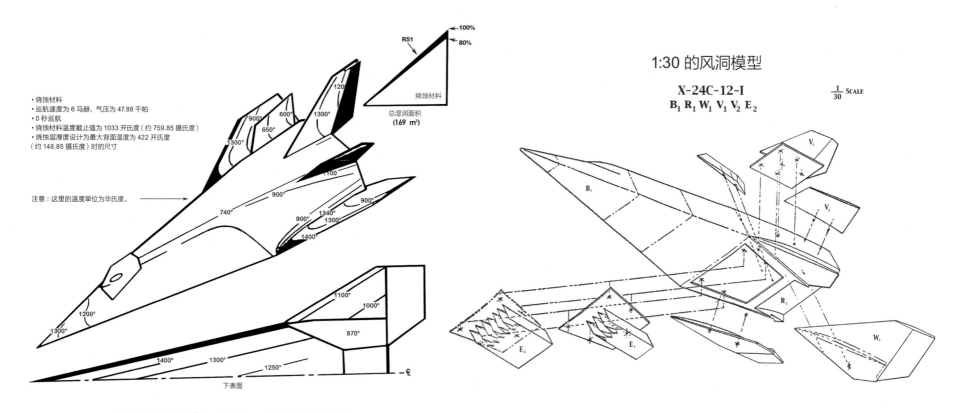

- 烧蚀材料
- 巡航速度为 6 马赫，气压为 47.88 千帕
- 0 秒巡航
- 烧蚀材料温度截止值为 1033 开氏度（约 759.85 摄氏度）
- 烧蚀层厚度设计为最大背面温度为 422 开氏度（约 148.85 摄氏度）时的尺寸

注意：这里的温度单位为华氏度。

总湿润面积
（169 m²）

1:30 的风洞模型

X-24C-12-I
B₁ R₁ W₁ V₁ V₂ E₂

$\frac{1}{30}$ SCALE

下表面

烧蚀表面积（6 马赫、1033 开氏度）

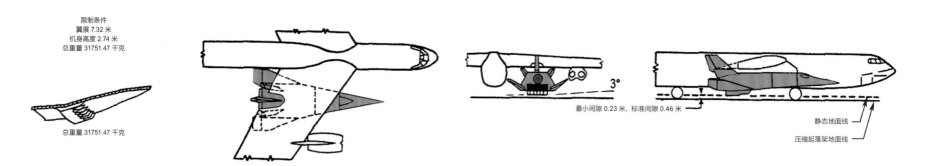

限制条件
翼展 7.32 米
机身高度 2.74 米
总重量 31751.47 千克

总重量 31751.47 千克

最小间隙 0.23 米，标准间隙 0.46 米

静态地面线

压缩起落架地面线

本书作者重新绘制的技术图纸。（图：作者收藏）

B-52 发射飞行器限制

295

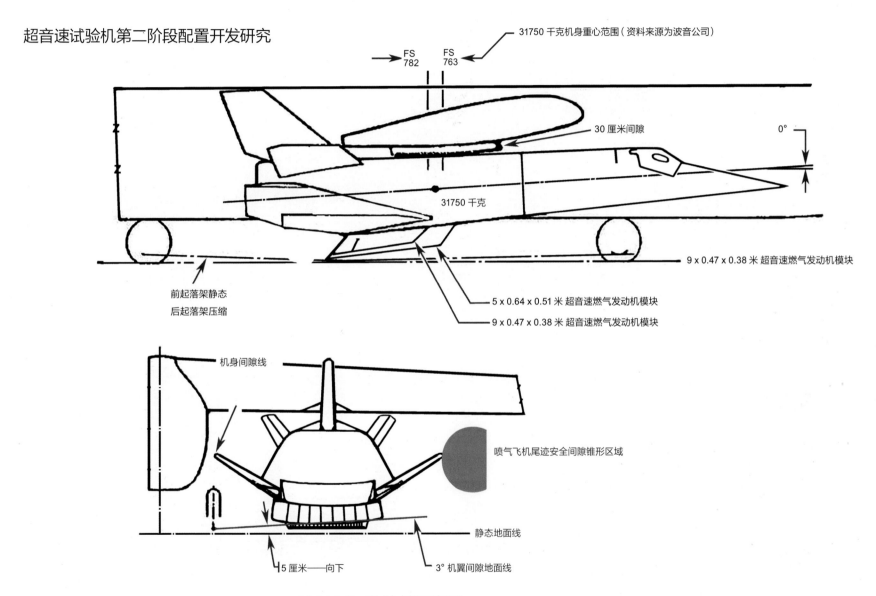

超音速试验机第二阶段配置开发研究

31750 千克机身重心范围（资料来源为波音公司）

FS 782　FS 763

30 厘米间隙

0°

31750 千克

9 x 0.47 x 0.38 米 超音速燃气发动机模块

前起落架静态
后起落架压缩

5 x 0.64 x 0.51 米 超音速燃气发动机模块

9 x 0.47 x 0.38 米 超音速燃气发动机模块

机身间隙线

喷气飞机尾迹安全间隙锥形区域

静态地面线

5 厘米——向下

3° 机翼间隙地面线

X-24C/B-52 连接示意图

本书作者重新绘制的技术图纸。(图：作者收藏）

X-24C 试验机的桌面模型。（图：作者收藏）

X-24C 带起落架的桌面模型。（图：作者收藏）

XST "海弗蓝" 试验机

第一架"海弗蓝"配备了用于感测空速、高度、迎角和侧滑的传统机头空速管安装杆。(图：洛克希德公司)

XST "海弗蓝" 试验机

型号：XST（生存性试验平台）	最大起飞重量：5670 千克	设计速度：0.79 马赫（966 千米／时）
别名：海弗蓝	首航日期：1977 年 12 月 1 日（海弗蓝 1 号）	实用升限：5486.4 米
用途分类：技术验证机	末航日期：1979 年 7 月 11 日（海弗蓝 2 号）	作战范围：不适用
长度：14.40 米	乘员数：1 人	武器挂载量：不适用
翼展：6.86 米	总生产数量：2 架	
高度：2.29 米	动力装置：2 台通用电气 J85-GE-4A 发动机	

当时，在美国公众的心中，最现代化的战机当数 F-117A"夜鹰"隐形攻击机。但这款能躲避雷达追踪的飞机的问世已经是艾森豪威尔总统执政后期的事情了。在早些年，凯利·约翰逊和本·里奇的主要注意力还是集中在对 U-2"蛟龙夫人"侦察机的改进上面。

本·里奇后来回忆道："我们的侦察活动居然一直是在苏联人的眼皮子底下进行的……对此，我们无能为力。"事实上也是如此，苏联在 1960 年 5 月击落了一架"蛟龙夫人"，还俘虏了飞行员弗朗西斯·加里·鲍尔斯，震惊了世界。

在这样的背景下，中央情报局要求洛克希德公司能够研究出降低飞机雷达横截面积的方法。洛克希德公司在之前的 A-12"牛车"侦察机和后来的 SR-71"黑鸟"侦察机的研制上都取得了成功——将雷达目标有效截面降低了两个数量级。两年后，D-21 无人侦察机的问世再次将雷达目标有效截面降低了一个数量级。洛克希德高级开发公司项目经理保罗·马丁（Paul Martin）表示，"黑鸟"的问世无疑是一项重大突破。他说，在 SR-71 中，洛克希德公司"率先开发出了反雷达飞机的外形成型、雷达吸收飞机结构、雷达吸收图层等相关技术，这些技术大大减小了'黑鸟'被雷达捕捉动向的概率。"

1975 年，洛克希德公司和诺斯罗普公司都拿到了新型反雷达侦察机研发的第一阶段合同，合同限期为 4 个月。最后，哪家公司制作出的模型能通过验收测试，就能拿到第二阶段合同。两家公司在保密状态下，各自拿出了能够达到甚至超过预期的设计方案，制作出了 1∶3 模型和全尺寸模型，并进行了雷达扫描测试，看谁设计的飞机更符合美国国防高级研究计划局指定的高级隐形飞机的标准。洛克希德公司臭鼬工厂的工程师认为，采用多面体表面设计的飞机有着更好的反雷达信号能力，这样的飞机表面会将 99.9% 的雷达能量反射出去。

臭鼬工厂在此基础上制作出了名为"绝望钻石"的模型机，因为这个模型的外形就像一颗扁扁的钻石，而且看上去就让人觉得飞不起来。这款模型机的制作在飞机设计史中有着里程碑式的意义，设计师们第一次意识到，设计出一款基本能避开雷达的飞机不是不可能的。

洛克希德公司在第一阶段胜出，拿到了第二阶段的研发合同，并获准制作两架 1∶2 比例的小型验证机。在牵头的负责单位从美国国防高级研究计划局转变为空军特别项目办公室后，该项目被正式命名为"海弗蓝"。

1976 年，"海弗蓝"第二阶段研发计划启动。该机作为一款概念机，是出于验证一些飞行理论的目的——既要实现理想的低可观测能力，同时又要满足一系列现实的操作要求——而制作的。第二阶段研发计划属于机密，由空军系统司令部内的一个特殊办公室管理，并通过特殊监督程序接受国会审查。尽管这项研发在行政层面上保密性极高，但臭鼬工厂的实际管理方式还是比较开放的，研发人员、管理人员和甲方之间的沟通效率很高。面对许多根本的不确定性因素，国防部长办公室领导层顶住了各种压力，在保证研发重点不偏移的前提下稳步推进：只要能证明通过技术手段能够切实降低飞机的雷达横截面积就算大功告成。

在这样的背景下，臭鼬工厂根据前期制作的试验模型成功生产出两架验证机。为最大限度缩减成本，验证机被做得尽可能小且结构简单——并未装备任何执行任务所需的设备，驾驶舱也没有加压，飞机也不具备空中加油能力。第二架验证机的外壳上被添加了雷达吸收材料涂层。"海弗蓝"验证机的重量大约是 F-117A"夜鹰"隐形攻击机的四分之一。

"海弗兰"验证机的垂直尾翼的横截面基本上是菱形的，其内倾斜的设计被认为能最大限度地减少飞机的雷达横截面积。两片机尾和它们之间所形成的内倾斜，在有效减少雷达横截面积的同时，也十分符合空气动力学。尽管验证机上搭载的都还是现成的传统组件和子系统，但其获得的成功，总体而言是具有革命性意义的——飞机的造型和所使用的材料能大幅提高飞机的生存能力，近乎改变了空军的作战方式。"海弗兰"所体现的科技包括雷达横截面积减少技术、雷达吸收技术、红外屏蔽技术、视觉标识减少技术、低截获率雷达技术、进气口防护技术，以及排气冷却和成形技术等。

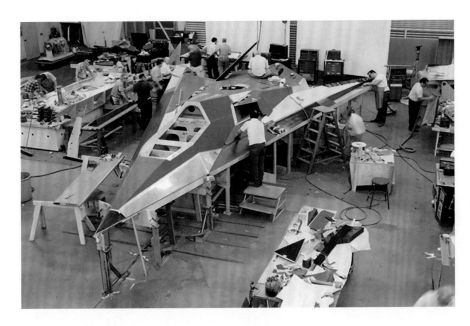

1977 年年初，洛克希德公司员工正在伯班克工厂制作"海弗蓝"的雷达横截面积减少试验模型。照片中，模型的大部分主要部件都已制作完毕，准备安装。（图：洛克希德公司）

第一架已经组装了大部分零部件的"海弗蓝"，它此刻正在准备装上机头和进气口。（图：洛克希德公司）

"海弗蓝"雷达横截面积减少试验模型。（图：洛克希德公司）

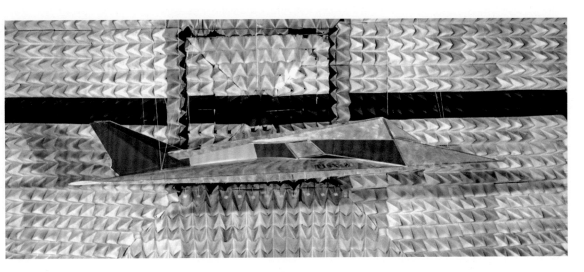

这是一架小型"海弗蓝"雷达横截面积减少试验模型。（图：洛克希德公司）

第一架"海弗兰"的所有地面测试均在洛克希德公司伯班克工厂进行。工厂在晚上关门后,测试人员也会让发动机继续进行运行试验。通过所有测试的"海弗兰"在被拆解后,于 1977 年 11 月 16 日被 C-5A"银河"运输机运抵 51 区,并在目的地重新组装并进行飞行测试。(图:洛克希德公司)

在有关"海弗蓝"的测试进行了大部分后,洛克希德公司的技术工人于 1979 年年底开始在此基础上开始制作 F-117A"夜鹰"隐形攻击机的全尺寸木制模型。从这张照片就可以明显看出,"夜鹰"外壳的多面体造型借鉴了"海弗蓝"。(图:洛克希德公司)

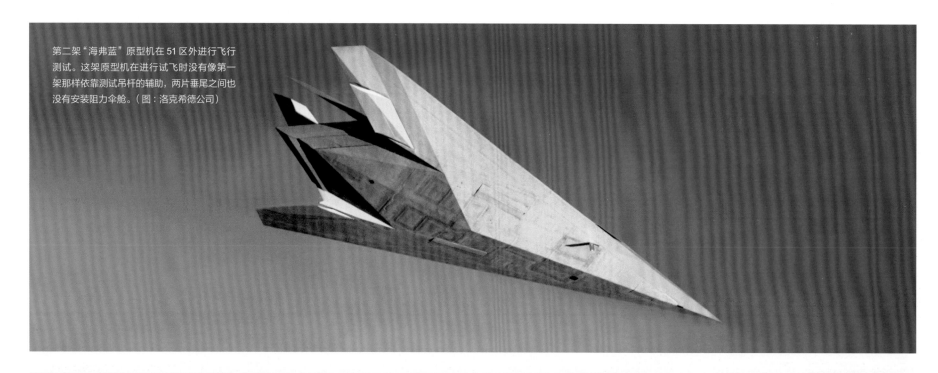

第二架"海弗蓝"原型机在 51 区外进行飞行测试。这架原型机在进行试飞时没有像第一架那样依靠测试吊杆的辅助，两片垂尾之间也没有安装阻力伞舱。（图：洛克希德公司）

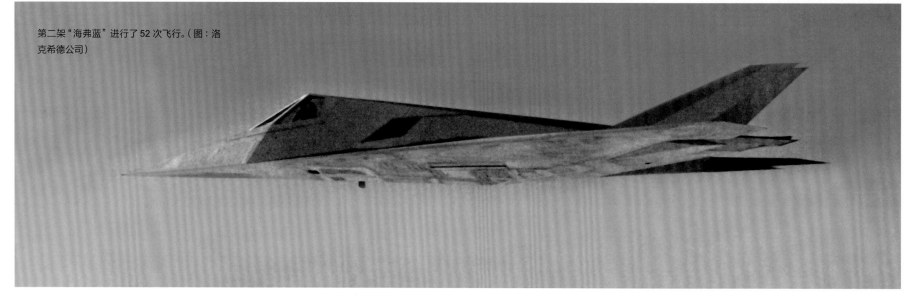

第二架"海弗蓝"进行了 52 次飞行。（图：洛克希德公司）

"高级钉"试验机

自 20 世纪 70 年代中期始，在美国属于绝密的飞机隐形技术从存在于小道消息中的状态变为彻底消失在人们视野中的未知了。五角大楼国防高级研究计划局内的一个研究小组一直在悄无声息地研制一款基本可以躲避雷达追踪的飞机，但这在连预测雷达能够反射的基本形状都很难的年代，是一项极具挑战性的任务。而该研究小组的这一努力也等于是向其他所有美国顶级的军用飞机设计师都提出了挑战。到最后，这场挑战变成了臭鼬工厂和飞机制造商诺斯罗普公司之间的角逐。

20 世纪 70 年代后期，臭鼬工厂脱颖而出，之后便一路高歌猛进，开始闷头研究"海弗蓝"技术验证机，希望能凭借这架箭头形状的"绝望钻石"获得最终胜利。最终，"海弗蓝"取得成功并催生了 F-117A"夜鹰"隐形攻击机。但美国空军在最终敲定方案之前，还必须做出另一个重大决定。臭鼬工厂在对"海弗蓝"进了了测试之后，向美国空军提出了两个"先进战术飞机"（ATA）方案。其中，ATA-A 是一款战斗机尺寸的单人机，作战半径约为 643 千米，有效载荷约为 2267 千克；ATA-B 是一款体型更大的双人"区域轰炸机"，作战半径约为 1850 千米，可搭载 4535 千克重的精确制导武器。ATA-B 甚至被臭鼬工厂视为

F-111"土豚"战斗轰炸机的潜在替代品。最后，美国空军选择了成本和风险都更低的 ATA-A，希望能购买足够多的喷气式飞机。在该方案的基础上，F-117A"夜鹰"隐形攻击机诞生了。

臭鼬工厂在飞机设计师、隐形飞机之父本·里奇的带领下，向美国战略空军司令部推出了经过调整的 ATA-B 隐形攻击机设计方案。之后，美国空军颇有争议地取消了当时的罗克韦尔 B-1A 轰炸机研发计划（有一部分原因就是上文提到的飞机隐形技术的发展，官方有着和本·里奇一样的想法）。事实上，美国空军一早就十分看好飞机隐形技术，而当时的 B-1A 计划又陷入了僵局需要终止。美国空军又不能透露任何在当时尚属机密的飞机隐形技术。于是，美国官方费了好大功夫才在媒体面前自圆其说。

隐形轰炸机的研制计划在敲定后几乎就立马启动了，要制作出成品机似乎也不是什么难事。令臭鼬工厂没有想到的是，军方并没有想用新机取代 F-111"土豚"战斗轰炸机的打算，而是想用新机替代最近刚刚终止研发的 B-1A，以及 50 年代的老式轰炸机——B-52"同温层堡垒"。他们希望新机是一款性能强悍的远程重型轰炸机，还能像"海弗蓝"一样能够躲避雷达追踪。

"高级钉"试验机

型号：高级钉	最大起飞重量：152634 千克	动力装置：4 台通用电气 F118-GE-100- 发动机
别名：先进技术验证机	转场航程：在空中加油条件下可进行洲际航行	设计速度：0.7 马赫（835 千米 / 时）
用途分类：先进技术轰炸机	首航日期：仅停留在递交方案征询书阶段	实用升限：16764 米
长度：21.9 米	末航日期：仅停留在递交方案征询书阶段	作战半径：在空中加油条件下可进行洲际航行
翼展：50.3 米	乘员数：2 人（也可无人驾驶）	武器挂载量：18145 千克重的常规武器或核武器
高度：5.2 米	总生产数量：仅停留在递交方案征询书阶段	

在先进技术轰炸机（ATB）项目的竞争中，臭鼬工厂和诺斯罗普公司这两个对头再一次碰上了。美国空军需要 132 架隐形轰炸机，生产周期为 20 年。两个公司心里都清楚，只要能拿下这笔订单，理论上就能包办美国空军从 1990 年到 2000 年，甚至更为以后的重型轰炸机的生产机会。考虑到如此庞大的生产规模，双方都找了外援。臭鼬工厂找到的合作方是刚刚被终止研发 B-1A 的罗克韦尔国际公司，而诺斯罗普公司找到的则是波音公司。

最终，从竞争中胜出的诺斯罗普公司一共生产了 21 架 B-2A "幽灵" 隐形轰炸机，而非预计的 132 架。

先进战术巡航导弹原型机"高级舞会"

1976 年年初，臭鼬工厂开始考虑将隐形技术应用到飞机以外的其他战略武器中，其中最为引人注目的是隐形空射巡航导弹。

在圆满完成"海弗蓝"隐形技术验证机的测试计划后，美国空军与臭鼬工厂又签订了无人机研发合同（试图将其作为巡航导弹的原型机）。这款无人机继承了"海弗蓝"的多面体外形设计，能使来自雷达发射器的电磁波偏离其源头而不能直接返回雷达天线以达到降低导弹雷达横截面积的目的。

按最早的计划，"高级舞会"巡航导弹的原型机是不可重复使用的。不过在实际测试前，臭鼬工厂又在机身下方临时加装了回收降落伞和充气着陆减震气囊，这就使原型机又可被回收利用了。原型机由一台威廉姆斯涡扇发动机提供动力，其进气和排气的独特设计可使机身不与地面接触，从而减少飞机被雷达和红外信号探测到的概率。

1977 年 10 月 15 日，洛克希德公司获得了先进战术巡航导弹第二阶段的研发批准。1978 年 10 月，该项目被从莱特机场转移到了低可观测特殊项目办公室。之后，该项目被更名为"高级舞会"。研发第二阶段的内容是进行先进战术巡航导弹原型机的设计、开发和测试，总共需要生产 9 架样机，其中需要保证 7 架可飞，另外 2 架则被用于地面测试。原有的试飞计划是打算连续完成 10 次飞行的，但由于洛克希德公司只生产了七架可飞行的原型机，因此需要再制作一套降落伞回收系统，以使原型机可重复使用。实际上，一些原型机在试验期间被重复使用了 3 次。第二阶段的总体目标是为第三阶段铺平道路的。

洛克希德公司原计划在 1979 年 7 月进行原型机的首航，但因发射和回收问题，需要时间去重新调整设计配置。因此，该公司又把首航计划往后推延到了 1980 年 2 月 15 日。原型机在 1980 年 3 月 1 日完成了首次成功试飞并达成了原定计划中的所有目标，但却因降落伞故障而损毁。此后，洛克希德公司又接连安排了 9 次试飞，并均获得了成功。按原定打算，先进战术巡航导弹原型机的测试计划从第一阶段到第二阶段应该历时 34 个月，但因在早期碰到了很多问题，总耗时 38 个月。至此，10 次连续的成功试飞、精密飞行控制系统、辐射区域相关制导系统、改良发动机和全尺寸机型的生产计划等合同中框定的目标都基本达成了。

根据原型机测试计划，洛克希德公司必须购买一架 DC-130H 运输机来助飞"高级舞会"，帮助"高级舞会"完成临飞检查、监控巡航和回收等任务。

先进战术巡航导弹原型机"高级舞会"

型号：高级舞会	最大起飞重量：1098 千克	动力装置：1 台威廉姆斯 F-107 涡扇发动机
别名：不适用	渡轮航程：3218 千米	设计速度：0.7 马赫（835 千米 / 时）
用途分类：战术巡航导弹	首航日期：1980 年 3 月 1 日	实用升限：16764 米
长度：5.59 米	末航日期：1981 年 3 月 13 日	作战半径：3218 千米
翼展：3.81 米	乘员数：无人驾驶	武器挂载量：常规或核弹头 1 枚
高度：1.88 米	总生产数量：9 架（7 架可使用，2 架被用于静态测试）	

　　"高级舞会"在减少雷达横截面积方面的表现超出预期，在用动态雷达、地面雷达、F-15"美利坚之鹰"战斗机雷达系统和机载空中警报控制系统进行的测试中表现良好——在进行了10次试飞后就达到了所有预期标准。据称，"高级舞会"能够在休斯SPS-13RCS验证雷达152米的探测范围内飞行而不会产生明显的回波。后来有人建议用"高级舞会"来测试美国最新的地面跟踪雷达和海军的"宙斯盾"系统的能力，但却因政治因素而没能实现。

YF-117A "夜鹰"（"高级趋势"）隐形攻击机

这架 F-117A "夜鹰" 正在加州棕榈谷第 42 空军工厂进行起降测试。（图：吉姆·穆莫）

YF-117A "夜鹰"（高级趋势）隐形攻击机

型号：YF-117A

别名：夜鹰或高级趋势

用途分类：隐身攻击机

长度：20.09 米

翼展：13.21 米

高度：3.78 米

最大起飞重量：23800 千克

首航日期：1981 年 6 月 18 日

末航日期：2008 年 4 月 22 日（存放在托诺帕试验场仓库）

乘员数：1 人

总生产数量：64 架（包括 5 架 YF-117A 原型机和 59 架 F-117A "夜鹰" 量产型）

动力装置：2 台通用电气 F404-F1D2 涡轮风扇发动机

设计速度：0.92 马赫（993 千米/时）

实用升限：13716 米

作战半径：1720 千米

武器挂载量：907 千克重的内置武器

1981 年 6 月 18 日太平洋夏令时间上午 6 点（世界标准时间下午 1 点 5 分），洛克希德公司研制的第一架的 YF-117A "夜鹰"（高级趋势）隐形攻击机（编号：79-10780）由臭鼬工厂的试飞员小哈罗德·哈尔·法利（Harold C. "Hal" Farley, Jr）驾驶，在 51 区格鲁姆空军基地测试场进行了首航。这款在研发阶段就被极度保密的新式飞机采用雷达信号吸收材料制作，其机身表面具有一定角度，可使雷达信号偏离源头。

法利是一名前美国海军飞行员，在去臭鼬工厂参加 "海弗蓝" 和 YF-117A 的飞机试飞工作的前 8 年，他一直在为格鲁曼公司测试 F-14 "雄猫" 战斗机。他从洛克希德公司退休前，已在 F-117 上拥有了 600 多个小时的飞行时长。

YF-117A 的研发计划一共研制了 5 架试验飞机和 59 架投入实际运用的量产型飞机（F-117A "夜鹰"，在 1983 年至 2008 年间服役）。在被 F-22 "猛禽" 战斗机取代后，所有的该系列飞机都被封存了（在有需要时也可以被重新启用）。F-117A "夜鹰" 通常被称为隐形战斗机，但它实际上是一款单座双发战术轰炸机，其机身采用了后掠翼设计并具有尾翼，机身长 20.09 米，翼展 13.21 米。

YF-117A 是美国军方借鉴了越南战争经验，并吸取了美国轰炸机被苏联地对空导弹击落的教训后的产物。这样的一个高度机密的项目一直到 1988 年 11 月 22 日才慢慢浮现在公众视野前。而此前 "海弗兰" 的成功刺激了政府对飞机隐形技术的进一步资金扶持，其中大部分资金都被用来生产 F-117A "夜鹰"。

1978 年 11 月 1 日，臭鼬工厂拿到了 YF-117A 的第一份生产合同。在本·里奇的授意下，臭鼬工厂集结了数学家比尔·施罗德（Bill Schroeder）和计算机科学家丹尼斯·奥瓦霍塞（Denys Overholser）来继续进行苏联物理学家、数学家彼得·雅科夫列维奇·乌菲姆采夫（Pyotr Yakovlevich Ufimtsev）的研究。而彼得，则被业内人公认是现代隐形飞机技术的奠基人。

三人共同设计了一款名为 "回声" 的计算机程序，又通过这款程序设计出了一款具有复杂的多面体表面、可将雷达信号能量散射出去 99% 以上的飞机。臭鼬工厂由此生产出了第一架 YF-117A 原型机（编号：79-0780）。该机于

1981 年 6 月 18 日在 51 区进行了首航，此时距全面启动研发计划仅历时 31 个月。第一架量产机型 F-117A "夜鹰" 则于 1982 年完成交付，并于次年 10 月投入实战。一直到 1988 年，通过军方公开的照片，民众才第一次知道了这款飞机的存在。1990 年 4 月 21 日，两架 F-117A "夜鹰" 从内华达州托诺帕试验场飞往内华达州内利斯空军基地，在记者面前公开亮相。

在早期的飞行试验中，F-117A "夜鹰" 的外部涂装采用了独特的四色迷彩，没有任何国家相关的标识。后来，该系列飞机又统一采用了黑色涂装。（图：作者收藏）

1981 年 6 月 18 日，一架全尺寸 YF-117A 原型机（编号：79-10780）在 51 区南部基地首航。（图：作者收藏）

1981 年 6 月 18 日，小哈罗德·哈尔·法利驾驶 YF-117A 原型机完成历史性的首航后，下机留影。（图：作者收藏）

小哈罗德·哈尔·法利正从第一架 YF-117A 原型机的驾驶舱中走出。（图：作者收藏）

第二架全尺寸 YF-117A 原型机正飞赴美国国家空军博物馆，它被搞怪般地随便配了个色。（图：洛克希德公司）

这架 YF-117A（编号：85-0816）隶属 49 战斗机联队第 7 中队。此时，它正在飞越霍洛曼空军基地的 YF-117A 专用机库。（图：美国空军）

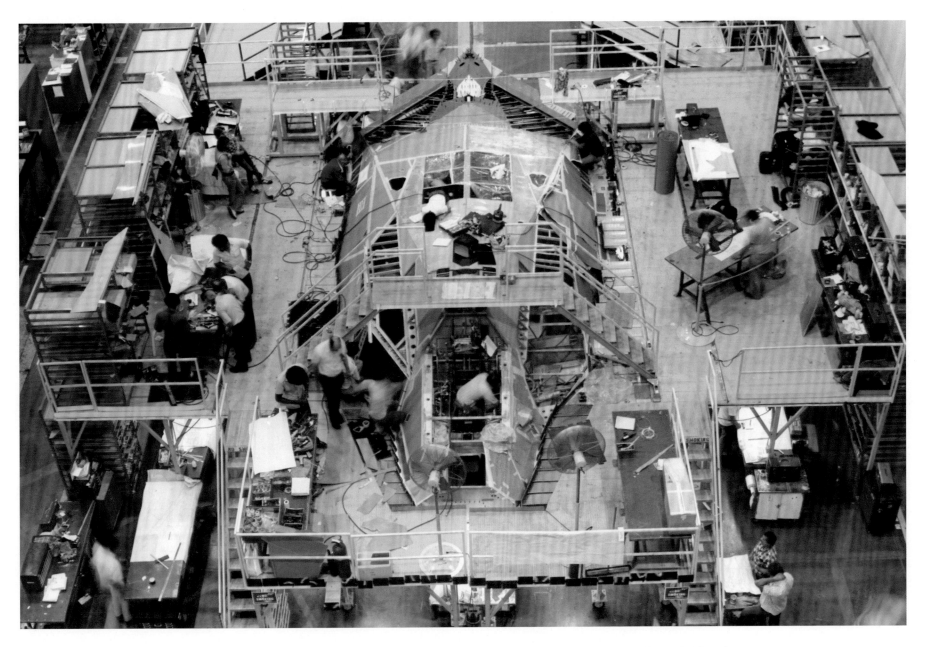

YF-117A 几乎是在完全保密的情况下进行研制的。照片中的这架被各式生产器具包围的原型机，是用来测试飞机的稳定性、操控性及任务适应性等性能的。（图：洛克希德公司）

这架原型机的机翼已经安装完毕。洛克希德公司员工正在浅绿色的工作台上，安装飞机的进气道、驾驶舱、机头组件、机翼前缘和气动操纵面，并准备开始总装和测试。（图：洛克希德公司）

这架原型机准备着顺着流水线继续进行机翼的安装。（图：洛克希德公司）

1981 年 6 月 18 日，小哈罗德·哈尔·法利正在驾驶一架浅灰色涂装的 YF-117A 原型机。（图：洛克希德公司）

一架绰号"蝎子1号"的 YF-117A 原型机停在
51 区南侧的机库中。除驾驶舱两侧的标明弹
射座椅位置的红色三角形外，该机机身上没有
其他标记。（图：洛克希德公司）

第一架 YF-117A 原型机正准备在 51 区的一条
4000 多米长的跑道上降落，此刻它沐浴在傍
晚的阳光中。51 区也被称为爱德华兹空军测
试中心第 3 支部。（图：作者收藏）

这架 F-117A 上没有安装鸭嘴形喷气管（有可能已被拆除）。在机库门前拉网是为了防窥。即便是 51 区的工作人员，也不一定有权限了解秘密区域的具体情况。（图：洛克希德公司）

C-5A 运输机将第一架 YF-117A 原型机（编号：780）从伯班克运抵 51 区，然后在这里进行重新组装。原型机机翼前缘的红色覆盖物是用来防止飞机在组装和维护过程中受到损坏的。（图：洛克希德公司）

照片拍摄于 1990 年 11 月初"沙漠之盾"行动开始后不久，这架 F-117A"夜鹰"正在前往沙特阿拉伯西南部的途中。(图：作者收藏)

在"沙漠风暴"行动准备期间，一名空军地勤人员正在操控一架 F-117A"夜鹰"(编号：825) 的制动装置。(图：美国空军)

1991 年 4 月 1 日，一架执行完任务的 F-117A "夜鹰" 回到内利斯空军基地。（图：作者收藏）

本照片于 1991 年 4 月 1 日，在内利斯空军基地拍摄。（图：作者收藏）

这6架F-117A"夜鹰"机尾的"TR"字样表示它们隶属托诺帕试验场。（图：作者收藏）

托诺帕测试场位于托诺帕镇东南约32千米、内华达州拉斯维加斯以北约321千米处。（图：作者收藏）

一架F-117A"夜鹰"正在接近托诺帕试验场。（图：美国空军）

一架作为追逐机的 T-38 教练机（隶属霍洛曼空军基地）正在护送 F-117A "夜鹰"。几乎每一架在托诺帕试验场进行飞行试验的 F-117A "夜鹰"，都会由一架 T-38 教练机提供保护。（图：美国空军）

这架 YF-117A 原型机的外壳并未覆盖雷达吸收涂料，比较少见。（图：作者收藏）

参加东海岸航展的一架 F-117A "夜鹰"。（图：作者收藏）

东海岸航展上的 F-117A "夜鹰"。（图：作者收藏）

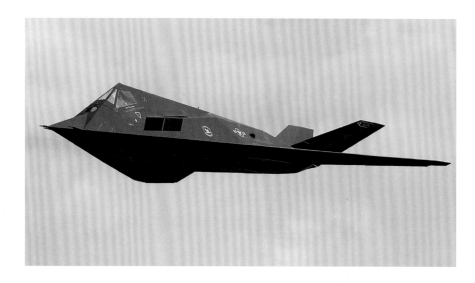

20世纪90年代中期,一架隶属霍洛曼空军基地的F-117A"夜鹰"在航展上完成了一次快速低空飞越动作。(图:作者收藏)

一架隶属内利斯空军基地的F-117A"夜鹰",机尾印有代码"WA",意为它被分配到第57联队第1支队。(图:作者收藏)

第37战术战斗机联队指挥官阿尔·惠特利(Al Whitley)上校的特写照片。他的专用F-117A"夜鹰"的机舱盖下有印29个任务执行数标记。(图:作者收藏)

地勤人员准备将一架隶属第37战术战斗机联队的F-117A"夜鹰"转移至沙特阿拉伯西南部哈立德国王空军基地的加固避难所旁边。(图:美国空军)

武器专管人员将一枚 907 千克重的惰性练习用 GBU-27 激光制导炸弹装载到一架 F-117A"夜鹰"（这架飞机隶属霍洛曼空军基地第 49 战斗机联队，编号为 84-0828）上。武器前部的蓝色环状标记表示其是惰性练习用装备。（图：美国空军）

1998 年，科威特艾哈迈德·阿尔贾贝尔空军基地，第 8 战斗机中队（绰号"黑羊"）成员在第 49 战斗机联队长专用的 F-117A "夜鹰" 前合影。（图：格雷格·戴维斯 / 美国空军）

地勤人员使用 MJ-1 起重卡车将一枚 GBU-27 激光制导炸弹装载到一架 F-117A "夜鹰"（隶属托诺帕试验场）的左侧炸弹舱里。（图：作者收藏）

这名士兵正在用"462"武器装载机，将一枚 GBU-27 激光制导炸弹装载到 F-117A"夜鹰"的左侧武器舱里。炸弹导引头上的挡风板，有助于提高武器释放的精确度。(图：美国空军)

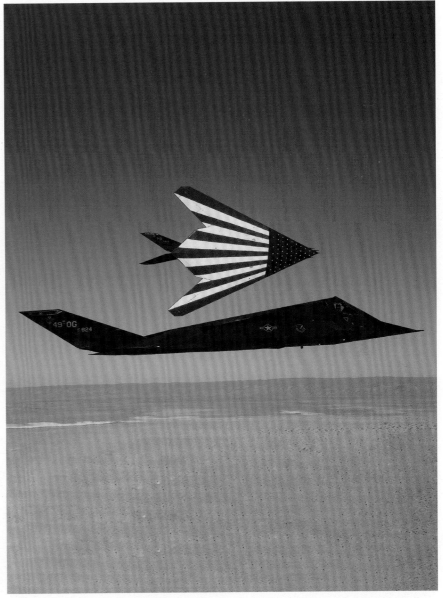

一架隶属第 49 战斗机联队的 F-117A "夜鹰",在内利斯空军基地上空发射了两枚 907 千克重的 GBU-27 激光制导炸弹。(图:作者收藏)

两架拥有特殊涂装的 F-117A "夜鹰",正在执行它们服役生涯中的最后一次任务。2008 年 4 月 22 日,军方在俄亥俄州莱特帕特森空军基地为 YF-117A 系列飞机举行了告别仪式。(图:美国空军)

F-117A"夜鹰"驾驶舱的仪表盘。眩光板可将驾驶舱内的光线降至最低。（图：美国空军）

YF-22 先进战术战斗机

1998 年 3 月 31 日，首台"猛禽"原型机在美国
空军国家博物馆展出。(图:美国空军国家博物馆)

YF-22 先进战术战斗机

型号：YF-22

别名：先进战术战斗机 / 猛禽

用途分类：F-22A "猛禽"战斗机技术验证机

长度：19.66 米

翼展：13.1 米

高度：5.41 米

最大起飞重量：28120 千克

首航日期：1990 年 9 月 29 日（1 号原型机 PAV-1）

末航日期：1991 年 4 月 23 日

乘员数：1 人

总生产数量：2 架

设计速度：2.2 马赫（2335 千米 / 时）

动力装置：1 号原型机（PAV-1）采用了 2 台普拉特·惠特尼 YF119-PW-100 涡轮喷气发动机；2 号原型机（PAV-2）采用了 2 台通用电气 YF120 发动机

实用升限：19800 米

作战半径：1290 千米

1981 年，美国空军提出了先进战术战斗机的研发要求，希望能够得到一款全新的空中优势战斗机，以取代 F-15"美利坚之鹰"战斗机和 F-16"战隼"战斗机。在苏联的米格 -29 战斗机和苏 -27"侧卫"战斗机等新兴战斗机的威胁下，美国空军迫切需要一款新型战斗机。先进战术战斗机将使用当时最尖端的技术，包括复合材料、轻质合金、先进飞行控制系统、更强大的推进系统和隐形技术等。1985 年 9 月，军方向多个飞机制造商发出了技术征求建议书；1986 年 7 月，军方收到七份标书；1986 年 10 月 31 日，洛克希德和诺斯罗普两家公司中标。由洛克希德、波音、通用动力三家公司组成的联合团队，以及由诺斯罗普、麦克唐纳两家公司组成的团队进行了为期 50 个月的验证机研发，最终两个团队拿出了各自的原型机（YF-22"猛禽"战斗机原型机和 YF-23"黑寡妇"战斗机原型机），并顺利进入飞行测试阶段。

"猛禽"原型机满足了军方对战斗机的生存能力、巡航能力、隐身性能和维护便捷性等各方面要求。洛克希德公司作为中标单位，它旗下的臭鼬工厂自然就成了由三家公司组成的联合团队的主心骨，并负责前部驾驶舱和机身的整机总装；波音公司负责生产机翼和后机身；通用动力公司则负责生产飞机的机身、武器舱、尾翼和起落架。"猛禽"相较于"黑寡妇"，在设计上更趋于传统。比如，"猛禽"的机翼采用了全翼展后缘设计，气动操纵面更大；"黑寡妇"有两个尾翼，而"猛禽"则有四个，机动性更强。"猛禽"的每一款验证机都被生产了两架：其中一架装备通用电气 YF120 发动机，而另一架装备普拉特·惠特尼 YF119 发动机。

由于接替了活跃在二战时期的 P-38"闪电"战斗机的"岗位"，因此 YF-22 也曾有一个非官方的称呼——"闪电Ⅱ"。到了 20 世纪 90 年代中期，军方正式为其取了一个绰号——"猛禽"。2006 年，F-35 战斗机接过了"闪电Ⅱ"的绰号。

"猛禽"的第一架原型机名为 PAV-1（编号：87-0700/N22YF）。1990 年 8 月 29 日，它和通用电气 YF120 发动机一起亮相，并于 9 月 29 日由大卫·弗格森（David Ferguson）驾驶，在第 42 空军工厂进行了首航。PAV-1 进行了 18 分钟的飞行，并在完成首航后降落于爱德华兹空军基地，其最高速度达到 250 节，最高升空

高度为 3.80 千米。弗格森表示，有关"猛禽"原型机的测试集中在飞机的机动性上，包括超音速测试和亚音速测试。"猛禽"的第二架原型机名为 PAV-2（编号 87-0701/N22YX）。10 月 30 日，它和普拉特·惠特尼 YF119 发动机一起亮相，由汤姆·摩根菲尔德（Tom Morgenfeld）驾驶并进行了首航。

与"黑寡妇"不同的是，"猛禽"在飞行测试中还进行了非必需的武器发射（试射了 AIM-9"响尾蛇"空对空导弹和 AIM-120 空对空导弹）和大迎角飞行测试。飞行测试证明，装备了推力矢量发动机的"猛禽"在低速机动时的俯仰率是 F-16"战隼"战斗机的两倍多。PAV-1 的超音巡航速度达到了 1.58 马赫，PAV-2 的超音巡航速度则达到了 1.43 马赫（它的最高速度甚至超过了 2.0 马赫）。"猛禽"的飞行测试一直持续到 1990 年 12 月 28 日，两架原型机共完成 74 次飞行，累计飞行时长 91.6 小时。在完成飞行测试之后，研发团队提交了生产提案。

1991 年 4 月 23 日，美国空军部部长唐纳德·赖斯（Donald Rice）宣布"猛禽"在高级战术战斗机的竞标评选中胜出。虽然"黑寡妇"的隐蔽性和速度更胜一筹，但"猛禽"主要胜在灵活性强。据航空媒体推测，"猛禽"也被认为更能满足美国海军先进战术战斗机的研发要求，但军方在 1992 年放弃了该计划。评选结束后没多久，PAV-1 就因故退役；PAV-2 则还进行了 39 次飞行试验，飞行时长共计 61.6 小时。

1992 年 4 月 25 日，PAV-1 在一次着陆尝试中因飞行员操作失误引起的振荡而遭受严重损坏。虽然该机后来完成了修复，但还是从此告别了蓝天。1991 年，军方预计采购 650 架以上的量产型"猛禽"。不过，由于国会的干涉，美国仅生产了 195 架"猛禽"系列战斗机（包括 8 架测试机和 187 架量产机）。

两架"猛禽"原型机机翼的主要部分分别在位于华盛顿州西雅图的波音公司、位于德克萨斯州沃思堡的通用动力公司和洛克希德公司的加州棕榈谷工厂中进行生产。（图：洛克希德公司）

臭鼬工厂某区域的工作场景——这些技术员工正在加班加点地生产"猛禽"原型机的后机身部分。（图：洛克希德公司）

在位于第 42 空军工厂 10 区的臭鼬工厂生产区中，一架"猛禽"原型机的前机身和驾驶舱正在生产夹具中进行装配。（图：洛克希德公司）

20 世纪 80 年代，联合技术公司旗下的普拉特·惠特尼公司开发了 YF119 原型发动机，以满足美国空军和美国海军对先进战术战斗机的性能要求。1990 年，它被应用于"猛禽"原型机上。(图：作者收藏)

1990 年 1 月 13 日。首架 "猛禽" 原型机在棕榈谷工厂开始总装。(图：洛克希德公司)

一架经过高度改装并增添了一些设备的波音 757 客机,被用作"猛禽"的飞行实验室。(图:作者收藏)

1990 年 10 月 26 日,"猛禽"原型机首次进行空中加油。负责供给燃料的是一架隶属华盛顿州费柴尔德空军基地的 KC-135R 加油机。(图:洛克希德公司)

这两张照片展示的是,1990 年 10 月 30 日,由两架普拉特·惠特尼 YF119-PW-100 涡扇发动机提供动力的"猛禽"2 号原型机 PAV-2 完成了首航。(图:美国空军)

1990 年 10 月 30 日，一架 "猛禽" 在飞行测试中进行了 20 毫米机炮的试射。（图：洛克希德公司）

1990 年 12 月 11 日，两架"猛禽"进行首次编队飞行。(图：洛克希德公司)

1998 年年初，工人正在装配一架"猛禽"原型机。(图：作者收藏)

1998 年 5 月 17 日，美国空军飞行员史蒂夫·雷尼中校驾驶 01 号"猛禽"在爱德华兹空军基地首航，飞行时长为 1.5 小时。(图：洛克希德公司)

338

01号"猛禽"被运抵爱德华兹空军基地美国空军飞行测试中心。为便于空中运输,飞机被拆卸了一部分。(图:美国空军)

2002 年 5 月 21 日，第二套预生产的"猛禽"停机装置在爱德华兹空军基地进行测试。（图：爱德华兹空军基地）

2003 年 1 月 17 日，量产型 "猛禽" 在内利斯空军基地首次试飞。（图：洛克希德公司）

一架量产型"猛禽"（编号：91-4009）在"增量3.1改进升级计划"的要求下，于爱德华兹空军基地联合测试部队进行飞行试验。（图：洛克希德公司）

停在爱德华兹空军基地的美国空军飞行测试中心跑道上的两架"猛禽"。（图：洛克希德公司）

2003年3月3日，"猛禽"原型机在位于莱特帕特森空军基地的国家空军博物馆展出。（图：作者收藏）

2004年2月6日，波音公司飞行员弗莱德·诺克斯（Fred Knox）驾驶外挂了两个600加仑（1加仑约合3.79升）油箱的02号"猛禽"，在爱德华兹空军基地执行了第一次飞行任务。（图：洛克希德公司）

这架隶属夏威夷空军警卫队的"猛禽"，外挂着两只600加仑油箱，即将飞抵希卡姆空军基地。（图：作者收藏）

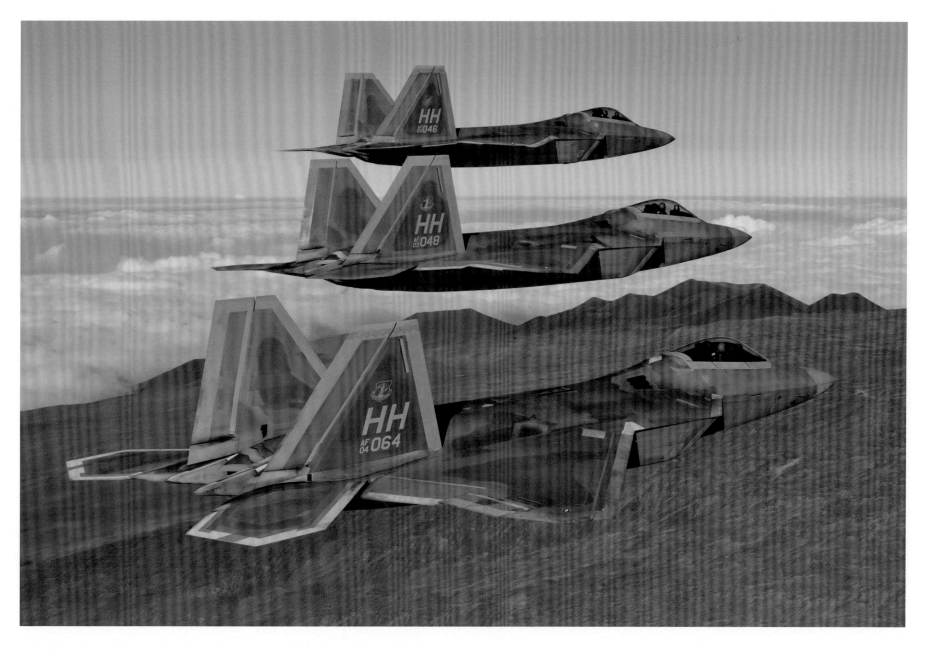

驻扎在美国珍珠港 - 希卡姆联合基地的夏威夷空中警卫队，是为数不多的驾驶"猛禽"的空中警卫队之一。（图：作者收藏）

隶属夏威夷空中警卫队的"猛禽"的另一个
视角的照片（图：作者收藏）

一架隶属埃尔门多夫空军基地的"猛禽"正
准备着陆。它没有外挂油箱。（图：洛克希德
公司）

2006年3月6日，一批量产型"猛禽"通过飞行摆渡的方式完成向第94战斗机中队的交付，并准备进入兰利空军基地。（图：美国空军）

兰利空军基地第 27 战斗机中队指挥官詹姆斯·赫克（James Hecker）中校驾驶 26 架量产型"猛禽"中的第一架飞越弗吉尼亚州门罗堡的城墙。（图：美国空军）

2011 年 12 月 13 日，玛丽埃塔工厂正在举办一架"猛禽"的上线仪式。（图：洛克希德公司）

第 195 架"猛禽"（编号：10-4195）生产完毕，于 2012 年 5 月 2 日被交付给美国空军。（图：洛克希德公司）

2012 年 3 月 15 日，一架量产型"猛禽"首次从玛丽埃塔工厂起飞。试飞员布莱特·硫克（Bret Luedke）驾驶该机进行了 1.5 小时的初始适航飞行，最高飞行速度达到了 1.5 马赫。（图：洛克希德公司）

2015 年 3 月 20 日，一架 "猛禽"（编号：91-007）从爱德华兹空军基地起飞。（图：作者收藏）

2015 年 7 月 7 日，第 94 战斗机中队的机工长在兰利空军基地检查了第 1 战斗机联队指挥官凯文·赫克（Kevin Huyck）准将的专用"猛禽"。（美国空军）

驻扎在阿拉斯加的"猛禽"可以快速部署到世界上的任何地方。（图：洛克希德公司）

IX-529 "海影" 试验船

"海影"停在加州奥克兰附近的阿拉米达海军基地浮式干坞（现已关闭）中。（图：作者收藏）

IX-529 "海影" 试验船

型号：IX-529

别名：海影

用途分类：隐形试验船

长度：50 米

宽度：21 米

吃水深度：4.6 米

排水量：572 吨

合同签订日期：1982 年 10 月 22 日

退役日期：2006 年 9 月

乘员数：4 人

总生产数量：1 艘

动力装置：柴油发电机

设计速度：26 千米 / 时

作战半径：不适用（仅作技术验证之用）

武器挂载量：不适用

1978 年春天，臭鼬工厂决定将他们的隐形技术进一步应用到潜艇领域。

一位洛克希德公司的摄影师在用拍立得相机拍摄 F-117A 时，发现拍出来的照片十分模糊，于是便抱怨相机是不是坏了。本·里奇听到后却告诉他这不是相机的问题，而是因为飞机外部的隐形涂层和特殊造型干扰了相机中用于聚焦的类似声呐的部件，使照片拍得不清晰。

本·里奇接管臭鼬工厂后，便一直想把正在开发的隐形技术应用在飞机以外的其他载体上。在上述这件趣事发生后，他意识到可以将隐形技术应用到潜艇上，因为隐形技术有着反声呐探测的特性。本·里奇购买了一艘小型潜艇模型并安装了多面体整流罩，然后在声波室中对其进行了测试。即使用如此简陋的模型做试验，本·里奇还是发现隐形材料能有效将声呐的返回信号减少三个数量级。本·里奇曾说："在任何工程中，只要将某一数值提高一个数量级以上都是非常了不得的，通常值得开一瓶高级香槟庆祝。"面对这一试验结果，臭鼬工厂决定就此设计出一款隐形潜艇。

他们最早设计出来的隐形潜艇的船体像一支雪茄，其外壳由几块平整的铁皮拼接而成，有一个个明显的棱角。这种形状的外壳既可有效反弹声呐信号，也可消除发动机噪音和乘员发出的声音。臭鼬工厂团队在特殊的声音测量设施中进行了多次声学测试，并对船体进行了改进。

本·里奇带着设计图纸和测试结果来到五角大楼，将它们呈交给了一位负责潜艇研发的海军上尉。但这位长官当时并不觉得"海影"符合海军的实际需求，还担心"海影"的这种设计会使海军舰队损失两到三节的航行速度。纵使本·里奇一再强调"海影"的隐形性能之强，这位长官依然不为所动。就在本·里奇的希望即将破灭的时候，一位刚从珍珠港回来的臭鼬工厂的工程师和他提到了海军的一款舰艇原型——小水线面双体船。这种船型已被证明拥有超越传统船型的速度，并可在波涛汹涌的大海中保持极高的稳定度。本·里奇立即认定这便是他们要施以隐形技术的完美船型了。本·里奇马上回到华盛顿，和当初一起讨论 F-117A "夜鹰"隐形攻击机的国防部副部长比尔·佩里（Bill Perry）博士会面，说明了自己的想法。佩里博士对本·里奇的隐形船很感兴趣，并通过国防高级研究计划局与臭鼬工厂签订了研发合同，以测试隐形造型和隐形涂层对水面舰船反声呐性能的影响，以及海水对铁氧体涂层的吸波性能的影响。

当时，对美国水面舰船威胁最大的是使用了 X 波段雷达信号的苏联雷达海洋侦察卫星。本·里奇团队在试验船的船身外壳上采用了与"夜鹰"战斗机机身非常相似的 45° 角平面，因为他们知道这才是躲避雷达追踪的关键点。乌戈·柯迪（Ugo Cody）带领工程师团队在加州死亡谷深处一处古老的湖床进行了试验船的测试。团队成员将试验船放置在一个 30×24 米大小的塑料游泳池里，用自己仿制的雷达进行了测试。军方见测试结果令人满意便同意了对"海影"原型船的投资。然而，洛克希德公司专管船只的部门在知道了这个项目后，便设法说服本·里奇将项目交给他们，因为他们当时缺活儿干。两方在签订的协议中规定由总工程师乌戈·柯迪继续担当研发项目的负责人，以确保试验船不会因为要提高性能而在隐形能力上做出妥协。

在 1984 年进行的第一次海上试航中，船员们发现试验船的尾流非常大，很容易被对手的雷达和战机发现。这样的事情一时间让人摸不着头脑——后来才发现，原来是电机的螺旋桨装反了。在迅速纠正错误并继续试验后，试验船应有的性能得到了很好的体现。尽管如此，"海影"试验船还是因为种种原因没能投入量产。不过，在它身上试验成功的隐形技术最终被应用在潜艇和新型驱逐舰上了。

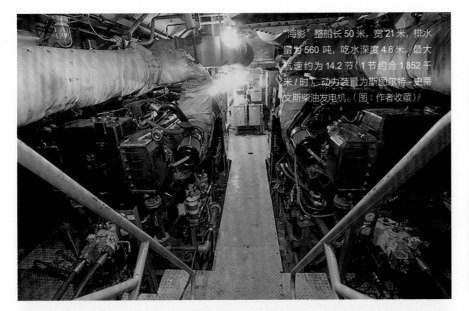

"海影"整船长 50 米，宽 21 米，排水量为 560 吨，吃水深度 4.6 米，最大航速约为 14.2 节（1 节约合 1,852 千米／时），动力装置为斯图尔特 - 史蒂文斯柴油发电机。（图：作者收藏）

双水下推进器上的艏升降舵。船头和船尾水翼（一种可在高速航行时提升船体以减少阻力的装置）会根据海况保持船体深度。"海影"的两个船体都各配有一个螺旋桨、一个稳定器和一个水翼。（图：作者收藏）

位于水下稳定器后部的两间电机室。（图：作者收藏）

1 号辅助机房中有一台冷水机，可生产用于热交换器中的冷水。因为水下船体的自然散热效果并不理想，诸如电机和减速齿轮等大量发热的设备对散热的要求很高。（图：作者收藏）

"海影"与停泊在阿拉米达一处码头上的休斯公司 HMB-1 采矿驳船。（图：作者收藏）

这艘休斯公司的 HMB-1 采矿驳船装备了一种名为"爪"的工具。(图：作者收藏)

在 20 世纪 80 年代，美国国防高级研究计划局、美国海军和洛克希德公司共同开发的"海影"。照片中，"海影"正经过位于旧金山湾的科伊特塔。(图：洛克希德公司)

"海影"集各种新技术于一身（包括船舶控制、船身结构和自动化设备）。该项目始于 20 世纪 80 年代中期。（图：洛克希德公司）

"海影"试验船是洛克希德公司于 1985 年在红木城生产的一款隐形船，用于测试隐形技术在海军舰艇上的应用。该项目于 1993 年被公开。作为一款双体船，"海影"的每个船体都装备了单独的螺旋桨和稳定器。（图：美国海军）

"海影"一直在加州圣地亚哥海军基地服役，后于 2006 年 9 月退役。（图：作者收藏）

X-35 联合攻击战斗机试验机

X-35 家族中最特殊的型号是短距垂直起降型。
（图：洛克希德公司）

X-35 联合攻击战斗机试验机

型号：X-35

别名：联合攻击战斗机试验机

用途分类：第五代战斗机

长度：X-35A/B 为 15.39 米；F-35C 为 15.44 米

翼展：X-35A/B 为 9.98 米；X-35C 为 13.1 米

高度：4.06 米

最大起飞重量：31751 千克

首航日期：2000 年 10 月 24 日

末航日期：2001 年 8 月 6 日

乘员数：1 人

总生产数量：2 架（X-35A 被改造为了 X-35B）

动力装置：1 台普拉特·惠特尼 F119-PW-61 发动机

设计速度：1.5 马赫（1851 千米 / 时）

实用升限：15000 米

作战半径：1241 千米

武器挂载量：F-35A 可携带 8100 千克重的武器

"联合攻击战斗机项目"是由"共通平价轻型战机项目"和"联合先进攻击技术战斗机项目"合并而成的。合并后的项目继续以"联合先进攻击技术攻击机项目"的名义进行。直到进入到工程与制造发展阶段，该项目才正式更名为"联合攻击战斗机项目"。

联合先进攻击技术战斗机项目是由美国国防高级研究计划局发起的，旨在为海军陆战队开发一款新型短距垂直起降战斗机以代替原有的 F-16"战隼"战斗机。1992 年，海军陆战队和美国空军同意在共通平价轻型战机项目上与美国国防高级研究计划局进行合作（这也就是后来的先进短距垂直起降战斗机项目）。当时普遍认为，联合先进攻击技术战斗机项目有潜力作为 F-22"猛禽"战斗机的补充方案。

联合先进攻击技术战斗机项目办公室成立于 1994 年 1 月 27 日，该部门的工作是开发一系列在武器和传感器方面都更为先进的战斗机，以完美取代原有的英美战斗机和 F-16"战隼"。

1995 年 11 月，英方签署了一份技术合作备忘录，就此成为联合先进攻击技术战斗机项目的正式合作伙伴。他们出资 2 亿美元，这相当于概念验证阶段所需金额的 10%。

在从 X-35 验证机到 F-35A/B/C 等各种衍生型号的演变过程中，飞机外形一直在发生着重大变化，而这对于隐形性能的不断提升也是至关重要的。虽然最后的正式型号在进气口的设计上有了不小的改进，但其下机身的设计反而不如原来的 X-35 了，而后机身的发展对战斗机在突破现代化综合防空系统时的生存能力具有重要意义。

X-35 显然不是像 F-117A"夜鹰"隐形攻击机、B-2A"幽灵"隐形轰炸机和 F-22A"猛禽"战斗机那样，属于设计层面上真正的隐形飞机，因为它的隐形性能随着雷达侦测频段的不同而有着很大的波动。与相近尺寸的其他不具备隐身性能的飞机相比，X-35 之所以能够将雷达反射信号减少 100 倍，完全应归功于其特殊的外形。

在系统研发及验证阶段，X-35 的隐身性能相比最初预期出现了下滑。因为在这一阶段，相关设计师对飞机下机身进行了一系列设计变更，使得飞机的外形较原设计而言发生了根本性改变。

这样一来，X-35 在面对现代化综合防空系统时可选用的战术就和不具备隐形能力的传统飞机似乎就没什么两样了，其性价比自然远不如像 F-22A"猛禽"这样真正的隐形飞机。如果出现这样的情况，那么想必也不太可能有人会再投资该项目了。本来，X-35 的机翼和机身连接处非常平滑，且下机身的外形扁平（具有低曲率），反雷达性能相当好。但这样的设计却在系统研发及验证阶段被放弃了，取而代之的是为扩大武器舱而进行的差劲的改动。虽然最后的正式型号在进气口的设计上有了不小的改进，但却无法改变隐形性能的缺失。

X-35 联合攻击战斗机的三种衍生型号分别是：空军专用的传统起降型、海军专用的舰载型、海军陆战队和英国皇家海军专用的短距垂直起降型。(图：洛克希德公司)

1999 年秋，内利斯空军基地在一次开放日活动上展出了一架传统起降型 F-35A "闪电Ⅱ" 战斗机的全尺寸模型。（图：洛克希德公司）

2000 年年中，一架 X-35A 正在飞越内华达山脉南部和死亡谷附近的山麓。（图：美国空军）

一架传统起降型的 X-35A 原型机。（图：洛克希德公司）

这架 X-35A 原型机加装有升力风扇发动机，被用于进行短距垂直起降改装测试。（图：洛克希德公司）

2000 年 11 月 7 日，一架 X-35A 原型机在一架美国空军 KC-135R 加油机的配合下进行空中加油。

（图：美国空军）

一架 X-35A 原型机从爱德华兹空军基地主区出发,飞经罗杰斯干湖。(图:美国空军)

一架 X-35 原型机与一架隶属爱德华兹空军基地空军测试中心的 F-16B"战隼"战斗机正在罗杰斯干湖上空进行编队飞行。（图：作者收藏）

一架舰载型 X-35C 原型机在首航后，于 2000 年 12 月 18 日飞抵爱德华兹空军基地，准备接受飞行测试。（图：洛克希德公司）

一架接近完成的舰载型 X-35C 原型机在爱德华兹空军基地进行飞行测试。（图：洛克希德公司）

2001 年 2 月 10 日，舰载型 X-35C 原型机在抵达帕塔克森特河海军基地后不久，就因天气原因被移入仓库存放。（图：美国海军）

2002 年 12 月 4 日，一架短距垂直起降型 X-35B 原型机在棕榈谷第 42 空军工厂准备进行首次垂直悬停试飞。（图：洛克希德公司）

一架短距垂直起降型 X-35B 原型机在被分解后，由卡车运往位于华盛顿特区的美国国家航空航天博物馆。（图：作者收藏）

第一架量产的短距垂直起降型 F-35B "闪电 Ⅱ" 战斗机在加州爱德华兹空军基地进行试飞。它可以像直升机一样垂直降落，并在很短的跑道上起飞。（图：洛克希德公司）

2008 年，阿诺德工程开发中心在 1.2 米跨音速气动风洞中进行了 AIM-132 空对空导弹的机体分离测试。这三张照片展示的是 F-35"闪电 II"战斗机的模型，以及导弹从其武器舱分离时的情景。(图：阿诺德工程开发中心)

一架位于纽约中部乡村附近的全尺寸 F-35A "闪电 II" 模型。来自空军研究实验室的从事天线研究和设施测量的工程师，正在对飞机上的精密天线进行测试。(图：洛克希德公司)

F-35A "闪电 II" 战斗机在位于英国布拉夫的英国航空航天系统公司结构与动态测试实验室中进行静态测试。该测试提前了 5 个月完成，并证实了这款战斗机的机身可承受超过设计限制 50% 的空气动力。(图:洛克希德公司)

2007 年 3 月 1 日，一架作为联合航空测试机而接受改装的波音 737-300 客机正准备进行设备适合性检查。(图:作者收藏)

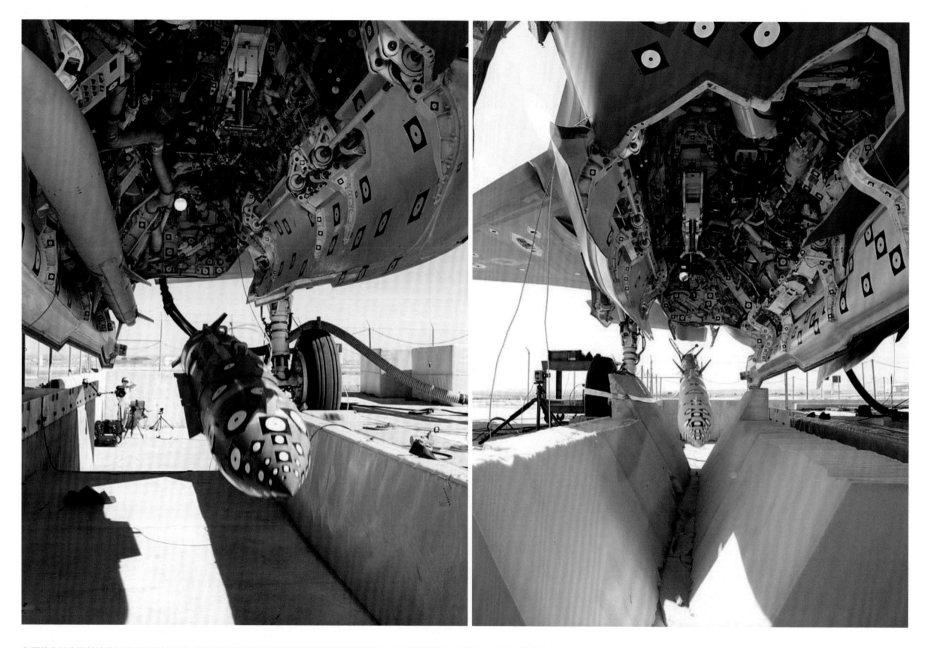

在爱德华兹空军基地进行的武器弹射测试。进行该测试的目的是确保飞机装备的任何武器，都可以顺利进行武器分离。(图：作者收藏)

正在位于俄亥俄州埃文代尔的测试设施中进行静态测试的 F136 涡扇发动机。该发动机是专为"闪电 II"研制的替代发动机。（图：美国空军）

一架 F-35A（编号：07-0744）在武器测试期间投下一颗小直径炸弹。（图：洛克希德公司）

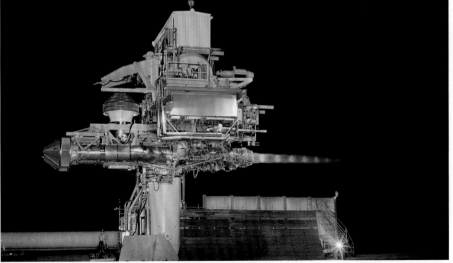

这两张照片展示的是普拉特·惠特尼公司团队测试他们生产的第二台 F135 短距垂直起降发动机（编号：FX643）时的场景。这次测试的重点是发动机的耐久性。（图：美国空军）

第四架 F-35A 的机尾处装有一台名为"反尾旋伞"的回收装置。（图：美国空军）

一架隶属第 16 武器中队的 F-35A（编号：12-5051）在内利斯空军基地降落。（图：作者收藏）

这架 F-35A 隶属第 134 战斗机中队。该机是分配给空中国民警卫队的第一架 F-35A。2019 年 7 月 31 日，该机在沃思堡海军航空站首次现身。（图：洛克希德公司）

2012 年 3 月 2 日，洛克希德公司的试飞员比尔·吉廖蒂 (Bill Gigliotti) 在德克萨斯州沃思堡海军航空站试飞了第 9 架量产型 F-35A "闪电 II" 战斗机（编号：09-5001）。（图：洛克希德公司）

2013 年 8 月 17 日，一架隶属美国海军陆战队的 F-35B 刚刚从 "黄蜂" 号航空母舰的甲板上起飞。（图：洛克希德公司）

2016 年 11 月 17 日，一架短距垂直起降型 F-35B 在 "美国" 级两栖攻击舰的飞行甲板上进行操作测试。(图：美国海军)

2016 年 11 月 5 日，一架短距垂直起降型 F-35B 携带 500 磅（1 磅约合 0.454 千克）重的 GBU-12 "宝石路" II 型激光制导试验炸弹，准备从 "美国" 级两栖攻击舰上起飞。（图：美国海军）

一架 F-35C 从"乔治·华盛顿"号航空母舰的飞行甲板上起飞。(图：美国海军)

2014 年 11 月 3 日，一架 F-35C（编号：CF-05）在"尼米兹"号航空母舰上完成了首次拦阻着舰测试。（图：美国海军）

2018 年 4 月 4 日，试飞员比利·弗林（Billie Flynn）驾驶一架外挂 GBU-31 炸弹和 AIM-9X"响尾蛇"空对空导弹的 F-35C，在沃思堡海军航空站附近试飞。（图：美国海军）

2018 年 11 月 16 日，一架隶属第 147 攻击战斗机中队"阿尔戈英雄"的 F-35C 在加州勒穆尔进行空中摄影练习。（图：美国海军）

2019 年 6 月 5 日，来自第 125 攻击战斗机中队"粗暴突袭者"的汤米·博·洛克（Tommy Beau Locke）上校驾驶一架隶属第 314 海军陆战攻击中队"黑骑士"的 F-35C，并与一架隶属"黑骑士"中队的 F/A-18A"大黄蜂"战斗机进行编队飞行。（图：美国海军）

X-33 "冒险之星" 太空飞机原型机

X-33 原型机是美国在 20 世纪 90 年代研发的一款无人驾驶的亚轨道技术航天验证机。(图：洛克希德公司)

X-33 "冒险之星" 太空飞机原型机

型号：X-33

别名：冒险之星

用途分类：单级入轨空天飞机原型机

长度：21.03 米

翼展：23.47 米

高度：6.78 米

最大起飞重量：129274 千克

首航日期：仅停留在方案阶段

末航日期：不适用

乘员数：无人驾驶

总生产数量：不适用

动力装置：2 台 J-2S 线性气尖火箭发动机（使用液氢液氧推进剂）

设计速度：14.33 马赫（17703 千米 / 时）

实用升限：近地轨道

作战半径：1530 千米

武器挂载量：不适用

1996 年 7 月 2 日，美国国家航空航天局选中了洛克希德公司作为政商合作伙伴，邀请他们设计和生产 X-33 太空飞机原型机并进行针对性的试验。那时，融合了当时最为先进的技术的 X-33 有着极高的安全性和可靠性，它可将一磅重有效载荷送入太空的成本从 10000 美元降至 1000 美元。X-33 是空天飞机"冒险之星"的半比例原型机，美国国家航空航天局希望能先行在半比例原型机上研究出全尺寸空天飞机所需的技术。

X-33 原型机采用了升力体形状的外形，配备了两台具有革命性的线性气尖火箭发动机和坚固的金属热保护系统。按照预想，X-33 是一款自动驾驶飞行器，它可以像火箭一样进行垂直发射，达到 96.5 千米高度，速度超过 13 马赫，还能像普通飞机一样水平着陆。尽管 X-33 只能在亚轨道飞行，但它的飞行高度足够高、速度也足够快，这使它会遇到类似于地球轨道飞行器所经历的飞行状况。此外，X-33 有着类似普通飞机的特性，根据需要可以进行标准的 7 天周转或进行 2 天的紧急周转。

按照计划，X-33 原型机会在世纪之交开始进行一系列共计 15 次的飞行测试。在首次飞行中，X-33 将从爱德华兹空军基地飞往犹他州的达格威试验场，航程 724 千米。由于官员对 X-33 的信心与日俱增，最后飞行路线被定为自爱德华兹空军基地起，飞至蒙大拿州马姆斯特罗姆空军基地，航程 1528 千米。在 X-33 的研发计划取消之前，美国国家航空航天局已经为该计划开出金额高达 9.41 亿美元的预算。

2001 年 2 月，X-33 的研发计划被取消。据称，被取消的主要原因是 X-33 的专用燃料箱无法被及时研制出来，而只有依靠这款专用燃料箱，X-33 才能在不借助航天飞机所使用的外部助推器的情况下飞至近地轨道。

X-33 的研发团队成员单位有洛克希德公司、联信航空航天公司、波音公司、洛克达因公司、古德里奇航空技术公司和斯维尔德鲁普公司；政府方面的牵头机构有美国国家航空航天局马歇尔太空飞行中心、艾姆斯研究中心、德莱顿飞行研究中心、戈达德太空飞行中心、喷气推进实验室、约翰逊航天中心、肯尼迪航天中心、兰利研究中心、刘易斯研究中心和斯坦尼斯航天中心。

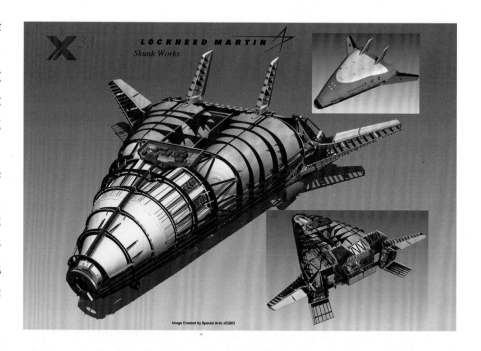

1996 年 7 月 2 日，美国国家航空航天局选中了洛克希德公司作为政商合作伙伴，邀请他们设计和生产 X-33 太空飞机原型机并进行针对性的试验。X-33 原型机是空天飞机"冒险之星"的半比例原型机，采用了升力体形状的外形，配备了两台线性气尖火箭发动机和坚固的金属热保护系统。按照预计，它可以展现全尺寸空天飞机所需的技术。（图：洛克希德公司）

X-33 原型机所使用的气尖火箭发动机。X-33 用于验证生产单级入轨重复使用运载火箭所需的一系列技术，例如金属热保护系统、液氢复合低温燃料箱、气尖火箭发动机、自动飞行控制和通过流线型升力体空气动力学实现快速飞行周转。1996 年，洛克希德公司拿到了 X-33 的研发合同。截至 1999 年，该项目共花费 10 亿美元。（图：洛克希德公司）

X-33 原型机使用的 XRS-2200 线性气尖发动机，此时在斯坦尼斯航天中心进行测试。（图：洛克希德公司）

X-33 原型机使用的液氧罐。拍摄于 1997 年 11 月美国国家航空航天局火箭发动机测试场。（图：洛克希德公司）

1998 年 7 月 24 日，在棕榈谷第 42 空军工厂 7 区 704 号楼进行着 X-33 的装配。燃料箱已安装完毕，部分装配固定装置已从完成的部分外周取下。（图：洛克希德公司）

1999 年 5 月 17 日，棕榈谷第 42 空军工厂 7 区 704 号楼正进行着 X-33 原型机的生产，此时正在安装液氢液氧罐。（图：洛克希德公司）

1999 年 5 月 17 日，棕榈谷第 42 空军工厂 7 区 704 号楼正进行着 X-33 原型机的生产。（图：洛克希德公司）

棕榈谷第 42 空军工厂 7 区 704 号楼，正在为 X-33 原型机安装液氧罐。（图：洛克希德公司）

1999 年 5 月 17 日，棕榈谷第 42 空军工厂 7 区 704 号楼正进行着 X-33 原型机的组装。（图：洛克希德公司）

棕榈谷第 42 空军工厂 7 区 704 号楼正进行着 X-33 原型机的装配，后机身被工具包围。（图：洛克希德公司）

正在进行襟翼和垂尾的装配。（图：洛克希德公司）

X-33 原型机的副翼装配夹具。洛克希德公司的技术人员在棕榈谷第 42 空军工厂 7 区 704 号楼对装配进行最后加工。(图 : 洛克希德公司)

这幅三维图画描绘了位于罗杰斯干湖东岸火箭试验场附近的爱德华兹空军基地北端发射台内的 X-33 原型机。（图：洛克希德公司）

位于爱德华兹空军基地东部的 X-33 原型机发射台。压载物正被安置到升降机和发射器的竖架上。（图：洛克希德公司）

RQ-3 "暗星" 无人机

这是于 1997 年 9 月 14 日拍摄的一架"暗星"。(图：美国空军)

RQ-3 "暗星" 无人机

型号：RQ-3A	最大起飞重量：3860 千克	设计速度：0.38 马赫（464 千米 / 时）
别名：暗星或蒂尔 3	首航日期：1996 年 3 月 29 日	实用升限：19812 米
用途分类：高空长航时无人机	末航日期：1999 年 1 月 29 日	作战半径：925 千米
长度：4.6 米	乘员数：无人驾驶	武器挂载量：不适用
翼展：21 米	总生产数量：4 架	
高度：1.1 米	动力装置：1 台威廉姆斯 - 罗尔斯·罗伊斯 FJ44-1A 涡扇发动机	

"暗星"无人机的研发是为了迎合美国国防高级研究计划局对低可观测高空耐久无人机"蒂尔3"标准而进行的。后来,"蒂尔3"因为存在财务风险和过多的技术问题而被放弃。1994年6月,洛克希德公司作为主承包商拿到了"蒂尔3"无人机的先进概念技术验证合同。另外波音公司也拿到了50%的份额,主要负责机翼部分的研究。"暗星"的第一次试飞原定于1995年10月进行,但由于软件问题被推迟到了1996年3月。然而,由于控制系统故障导致的俯仰和失速,第一架原型机在同年4月的第二次试飞中坠毁。1997年1月,"暗星"的型号名被正式定为"RQ-3A"。1998年6月,第二架"暗星"恢复试飞。

由洛克希德公司、波音公司和美国国防高级研究计划局等单位共同研发的"暗星"具有隐形和低可观测能力,可以24小时全天候源源不断地提供情报。"暗星"可以通过与移动式地面卫星接收站进行通讯,近乎实时地提供目标数据和图像。

"暗星"的低可观测能力是靠其特殊的机身和机翼设计实现的:机翼采用了轻微的前掠翼设计,机身则有些类似飞碟形。"暗星"的动力装置是一台威廉姆斯F129(型号:FJ44-1A)涡扇发动机,该机可在19812米的高空进行12小时的巡航飞行。此外,"暗星"还配备了全球卫星定位系统和惯性导航系统,后台操作人员可以在其飞行途中临时更改任务类型。"暗星"与外界的通信是通过双向数据链路(指挥、控制通过上行链路;传感器数据通过下行链路)进行的,可以选择宽带视距链路或J波段卫星通信链路。"暗星"下机身的有效载荷舱可容纳各种类型的传感器,主要有诺斯罗普·格鲁曼公司的AN/ZPQ-1战术耐久性合成孔径雷达或CA-236光电摄像机系统。

不过,"暗星"的研发过程遇到了很多问题和延误,导致其成本不受控制地上升。1999年1月,军方认为"暗星"的些许优点不足以支撑其继续进行测试,进而取消了研发计划。于是,剩下的验证机便成了世上仅存的"暗星"。

当时,航空界普遍都认为是因为"暗星"无法满足设计要求才导致计划被放弃的。不过,还有很多人以为这实际上正是对"暗星"巨大潜力的一种掩饰。不管真相如何,总之当年的原型机现在都在博物馆安了家,其计划至少在公众面前早已被彻底终止。

美伊战争期间(2003年3月至4月),美国军方承认在作战中至少使用了一种新型的隐形长续航无人机的原型机,而且很有可能就是"暗星"的放大增强版。不过实际情况究竟如何我们不得而知,因为军方对此没有再透露更多的信息了。

波音公司研制了"暗星"的机翼和集成航空电子设备。(图:洛克希德公司与波音公司)

1996 年 3 月 29 日，首架 RQ-3A "暗星" 无人机（编号：AV-1）在罗杰斯干湖进行了首航。（图：洛克希德公司与波音公司）

"暗星" AV-1。(图：洛克希德公司与波音公司)

1996 年 3 月 29 日，"暗星"AV-1 从爱德华兹空军基地的主跑道起飞，开始首航。（图：洛克希德公司与波音公司）

1999 年 12 月，四架"暗星"中的两架搭乘 C-5B"银河"运输机，被从棕榈谷工厂运往位于莱特帕特森空军基地的美国空军博物馆。（图：美国空军）

本书作者的儿子正在与埃文·埃利奥特（Evan Elliott）一起，将"暗星"的机身推到安装机翼的位置。（图：作者收藏）

2004 年 8 月 23 日，"暗星"组装完毕并首次公开展示。此时，它的副翼处于打开状态。(图：作者收藏)

X-44A "曼塔"多轴无尾无人机

"曼塔"是为了降低未来无人机技术风险的一次重要尝试，也是臭鼬工厂为拓展产品线而研发的技术验证机。它是"暗星"计划被取消后，"臭鼬"出现前的唯一一架公布出来的无人机。在 2018 年 3 月 24 日举行的洛杉矶航展上，"曼塔"以静态展示的形式首次公开亮相。此前，"曼塔"曾在棕榈谷工厂和沃思堡海军航空站为公司员工进行过内部展示。（图：洛克希德公司）

X-44A "曼塔"多轴无尾无人机

型号：X-44A	最大起飞重量：未知	气发动机
别名：曼塔	首航日期：2001 年	设计速度：0.38 马赫（464 千米／时）
用途分类：高空无人机技术验证机	末航日期：未知（目前在美国空军国家博物馆展出）	实用升限：10700 米
长度：2.74 米	乘员数：无人驾驶	作战范围：未知
翼展：9.14 米	总生产数量：1 架	武器挂载量：不适用
高度：1.14 米	动力装置：1 台威廉姆斯 - 罗尔斯·罗伊斯 F112-1A 涡轮喷	

1999 年，在 RQ-3A "暗星" 无人机的研制计划被取消后不久，臭鼬工厂的又一款飞翼式无人机 X-44A "曼塔" 进入了公众的视野。"曼塔" 的机身相对较小，其采用了后掠翼且无尾的设计，在空气动力学上做到了当时的极致。第一架 "曼塔" 于 2001 年进行首航。

"曼塔" 的研发被业界人士普遍认为是用于测试同时期开发的另外一款无尾载人飞机，但如果真是这样，那这款神秘的飞机被取了这样的一个让人摸不着头脑的名字，就颇有些令人不解了。"曼塔" 作为一款概念飞机，使用矢量推进器进行主要的飞行控制，以期凭借更为简洁而经济的飞机结构取得更快的速度、更高的燃油效率和更强的机动性。"曼塔" 的机体外壳据称是由纳米碳纤维材料制成，其动力装置采用的是威廉姆斯 F112 涡轮喷气发动机。这款发动机多被用于巡航导弹当中，比如通用动力公司的 AGM-129 隐形先进巡航导弹。

在尺寸大小方面，"曼塔" 的翼展约为 9.14 米，大约是其继任者 RQ-170 "哨兵" 无人机的三分之一。"曼塔" 的机身采用了模块化设计，土豆状的外形允许其携带各种传感器。它和 "哨兵" 无人机一样，采用了可分离的机翼设计（更方便运输），翼尖呈斜方形。"曼塔" 的飞行控制，是通过机翼后缘传统气动操纵面来实现的。

洛克希德公司拿下 "曼塔" 研发合同的过程也并非一帆风顺。当时，波音公司、诺斯罗普·格鲁曼公司都曾经是洛克希德公司的竞争对手。现在看来，"曼塔" 似乎是空军研究实验室目前进行的低成本消耗性打击验证机计划下的产物。而包括 "曼塔" 在内的这一系列无人机的诞生，说明洛克希德公司旗下的臭鼬工厂已悄然踏入了高端无人机领域——该领域在 2000 年年初可谓是一片蓝海。

像 "曼塔" 这样的无人机可以算是隐身无人机家族的老祖宗了。虽然这个家族中的一些成员必须永远隐姓埋名，但我们在后来的 P-175 "臭鼬" 无人验证机的身上明显能找到 "曼塔" 的影子——它们的用途和总体设计十分相似，只不过 "臭鼬" 的体型更大，各方面的性能也更强。

除了为世人所知的 "曼塔" 外，臭鼬工厂可能还在 2000 年后研发了一些无人机。在 "9·11" 事件发生之后，相关方面痛定思痛，开始重视侦察工作的穿透性和持续性。人们普遍认为，洛克希德公司秘密研制的一款无人机参与了美伊战争，而这款无人机可能就是于 2007 年首次在阿富汗坎大哈机场公开亮相的 RQ-170 "哨兵" 无人机的前身。

RQ-170 "哨兵" 无人机，在诸多行动中都发挥了重要作用。这些无人机的存在让世人明白：在不为人知的 "黑色" 世界中发挥着重要作用的技术和精彩的故事被隐藏起来，而暂时不被人们知晓。

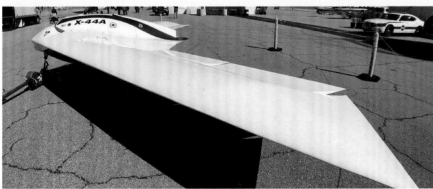

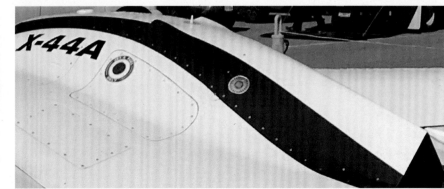

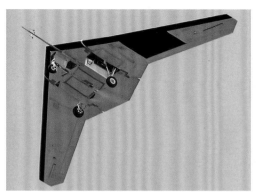

"沙漠鹰" 无人机

"沙漠鹰"三代于 2006 年首航。与 2000 年年初研发的"沙漠鹰"初代相比，"沙漠鹰"三代的尺寸更大，重量更轻。(图：洛克希德公司)

"沙漠鹰" 无人机

计划："沙漠鹰"三代	最大起飞重量：3.2 千克	设计速度：0.04 马赫（45.1 千米／时）
别名：微型无人机	首航日期：2003 年	实用升限：152.4 米
用途分类：外围防御	末航日期：仍在服役中	作战范围：区域巡逻
长度：0.86 米	乘员数：无人驾驶	武器挂载量：约 1 千克重
翼展：1.32 米	总生产数量：未知	
高度：0.2 米	动力装置：电动机	

洛克希德公司的小型无人机"沙漠鹰"一经问世，便以其卓越的性能和丰富的多功能性为行业树立了典范。"沙漠鹰"可执行针对小型单位的全天候情报侦察和监视任务。它不仅具备极强的抗风能力和高空飞行能力，还能在极端温度下正常工作。另外，"沙漠鹰"的开放式模块化结构令它的操作十分便捷，而且其续航能力在当时也是非常优秀的。除此之外，"沙漠鹰"的自主飞行控制系统也达到了世界级水准。

"沙漠鹰"所表现出来的优秀的实时空中监视能力是经过了实战检验的，它操作便捷，任务灵活性和战术便携性均十分突出。"沙漠鹰"可被用于全天候的小型单位信息采集和部队的保护保障，它配备了当时最先进的360°彩色光电和红外全动态视频集成摄像系统，以及其他可互换的插头和有效载荷。这款轻便的背包式飞行器具有防水、可手动发射和可快速部署的特点，最快可以在十分钟内完成从组装、任务设置到启动等一系列操作。

"沙漠鹰"系列无人机可在大风天气、高海拔位置和极端温度环境下工作。这种无人机在飞行时非常安静，并且在实际斜距内几乎无法被发现。在同类产品中，"沙漠鹰"四代更是因其进一步提升了续航耐久性和全天候运行能力，而在极具挑战与复杂的运行环境中实现了最高的系统利用率，并具有很高的可靠性。"沙漠鹰"对各种类型的任务都有极强的适应性——通过其开放式架构，使用者可以根据需要自由更换成像设备、通信设备等电子战有效载荷。自2006年以来，英国军队一直使用"沙漠鹰"三代执行空中侦察、监视和态势感知任务，该机的累计飞行时长达数万个小时。

"沙漠鹰"三代自2006年以来一直被用于支援作战行动，已经在严峻的条件下出动了数千架次。"沙漠鹰"三代系统包括手动发射的且坚固耐用的飞行器（具备用于多种任务的模块化、开放式架构与多功能的有效荷载接口）、便携式地面控制系统和远程视频终端。其坚固而轻便的地面控制站支持飞行前的操作、快速直观的任务规划与执行、飞行中任务的重新分配、传感器有效载荷控制，以及实时视频的显示、记录和回放。

"沙漠鹰"三代重约7磅，由一台安装在机身前部的低信号电动机驱动双叶螺旋桨飞行。（图：洛克希德公司）

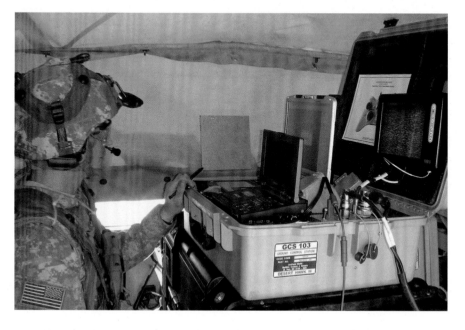

"沙漠鹰"三代由操作人员手动发射，然后通过公文包式地面控制站进行飞行控制。（图：洛克希德公司）

"沙漠鹰"三代没有传统的轮式起落架，因此着陆时其机腹会触地，不过它的分体设计使其可在硬着陆的同时保留关键部件。(图：洛克希德公司)

一位军用无人机操作员在完成现场测试后，回收了"沙漠鹰"三代。（图：洛克希德公司）

P-175 "臭鼬" 无人机

"臭鼬"的翼展为 27.43 米，总重约 4100 千克，有效载荷高达 450 千克。该无人机的动力装置为 2 台威廉姆斯 FJ44-3E 涡扇发动机（可产生 2721 千克的推力）。(图：洛克希德公司)

P-175 "臭鼬" 无人机

型号 : P-175

别名 : 臭鼬

使命 : 技术验证机

长度 : 3.05 米

翼展 : 27.43 米

高度 : 1.2 米以上

最大起飞重量 : 4082 千克

首航日期 : 2005 年

末航日期 : 2006 年 12 月 18 日

乘员数 : 无人驾驶

总生产数量 : 2 架

动力装置 : 2 台威廉姆斯 FJ44-3E 涡扇发动机

设计速度 : 亚音速

实用升限 : 20000 米

作战范围 : 不适用

武器挂载量 : 450 千克重的传感器或武器

P-175"臭鼬"无人机是洛克希德公司出资自主研发的一款无人机，其研发计划始于 2003 年 3 月。2005 年年底，该无人机进行了秘密试飞。"臭鼬"采用了飞翼式设计，重约 4100 千克，其动力装置为 2 台共可产生 2721 千克推力的威廉姆斯 FJ44-3E 涡扇发动机，有效载荷为 450 千克。"臭鼬"的机翼呈蝙蝠翼状，翼展为 27.43 米，实用升限为 20000 米。

2004 年 12 月，"臭鼬"唯一一架原型机（价值 2700 万美元）在一次事故中坠毁，原因是地面设备故障触发了飞行终止系统。2005 年 7 月 19 日，洛克希德公司公布了一张"臭鼬"飞越某偏远沙漠地区的照片。

"臭鼬"是一种"混合翼体"机，看上去像是 B-2"幽灵"隐形轰炸机的缩小版。2005 年年初，有传闻说洛克希德公司考虑为坠毁的"臭鼬"重新生产一架替代品。后来公司有关人员表示，他们确实验证了"臭鼬"在一些飞行控制方面的预想。2006 年 7 月 19 日，洛克希德公司在范堡罗国际航空展上展示了新的"臭鼬"。

时任洛克希德公司执行副总裁兼高级开发项目和战略规划总经理的弗兰克·卡布乔（Frank Cappuccio）解释道："这款无人机的问世有助于我们进一步探索无尾无人机的飞行动力学。"而"臭鼬"作为一款无人验证机，被专门用于验证这样三个方面：具有成本效益的快速成型技术和复合材料制造技术；持续高空作业所需的空气动力学性能；飞行自主性。

弗兰克·卡布乔在谈到"臭鼬"时，曾这样表示：

"臭鼬"使用的是无尾飞翼的设计，它凭借先进的层流翼型截面，将高空气动力效率与极低的雷达截面积完美结合。飞机所有组件的数量不到 200 个，其中 98% 都采用了新式的低温工艺制造，具有复合材料结构。通常来说，复合材料是在 177℃的温度下高压固化而成的，但"臭鼬"使用的复合材料是先在 66℃的温度下进行固化，再进行二次固化而成的。除此之外，"臭鼬"还配有一只全收式三轮起落架。

P-175"臭鼬"是洛克希德公司出资自主研发的一款无人机。2004 年 12 月，原型机在一次事故中坠毁，这导致研发计划在两天后被终止。（图：洛克希德公司）

本照片摄于 2005 年 6 月 19 日。（图：洛克希德公司）

2006年7月24日，"臭鼬"被迁移至一号仓库进行发动机运转试验。照片中的相关人员正在做准备工作。（图：洛克希德公司）

这两张照片摄于2006年7月24日。飞行测试人员和地勤人员正在将"臭鼬"移入一号仓库，准备进行发动机运转试验。（图：洛克希德公司）

一架即将完工的"臭鼬",停在加州棕榈谷工厂的一号仓库中。(图:洛克希德公司)

"鸬鹚" 无人机

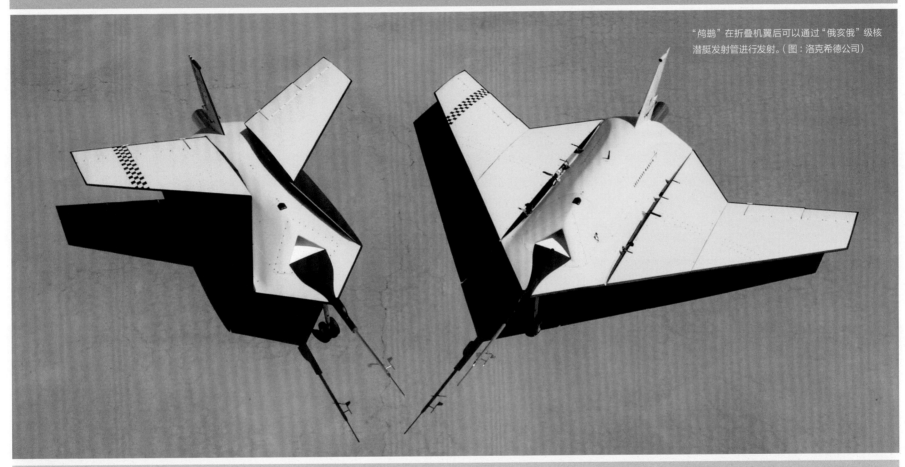

"鸬鹚"在折叠机翼后可以通过"俄亥俄"级核潜艇发射管进行发射。(图：洛克希德公司)

"鸬鹚" 无人机

型号：鸬鹚

别名：水面及水下发射可回收无人机

用途分类：潜艇发射无人机

长度：5.18 米

翼展：2.1 米（机翼收起）；5.18 米（机翼展开）

高度：1.65 米

最大起飞重量：1814.4 千克

首航日期：未进行（原型机经测试适用于"俄亥俄"级核潜艇发射管）

末航日期：不适用

乘员数：无人驾驶

总生产数量：1 架

动力装置：1 台特利丹 CAE J402-CA-400 小型涡轮喷气发动机

设计速度：亚音速

实用升限：8534.4 米

作战半径：241 千米

武器挂载量：不适用

臭鼬工厂出品的高性能间谍飞机的活动领域并不限于高空，臭鼬工厂还曾研制出一款可在水下45米出动、在完成任务后回航的无人机——"鸬鹚"。它是一种隐形喷气动力无人机，可配备短程武器或监控设备。但这种在冷战时期制造核打击威慑的潜艇在目前的军事环境中变得不再那么有用了，现在各国需要的都是具备侦察和对沿岸目标拥有打击能力的武器，而"鸬鹚"就是在这样一个大环境下诞生的。

"鸬鹚"的机身长度大致和双轮拖车的一样，被铰接在机身上的机翼收起时的翼展有2.1米。它的机身必须足够坚固来承受足以让普通飞机舱口发生塌陷的水下压力（机体材质采用了防腐蚀的钛材料，并在空处填充了塑料泡沫来防止挤压，其余部分则用惰性气体进行加压处理），但却又要做到一定程度上的轻量化才能飞行。"鸬鹚"重约4吨，通过充气密封让武器舱门、发动机进气排气口盖具有较好的防水性能。

"鸬鹚"并非像导弹那样通过发射管发射，而是在一个类似手臂的对接鞍座的引导下离开潜艇并上浮至水面。出水后，"鸬鹚"再借助火箭助推器的推力升空。完成任务后，"鸬鹚"返航至从潜艇处接收到的坐标并降落在海中。最后，潜艇会发射水下回收装置对在海面上漂浮的无人机进行回收（潜艇平时行动是隐形的，但在回收"鸬鹚"时可能会暴露位置）。美国国防高级研究计划局曾助力"鸬鹚"的一些独特系统——包括溅落模型和水下回收装置——的测试。

尽管"鸬鹚"在测试期间的表现均达到了预期，但该计划还是被美国国防高级研究计划局因预算削减（2008年）而取消了。

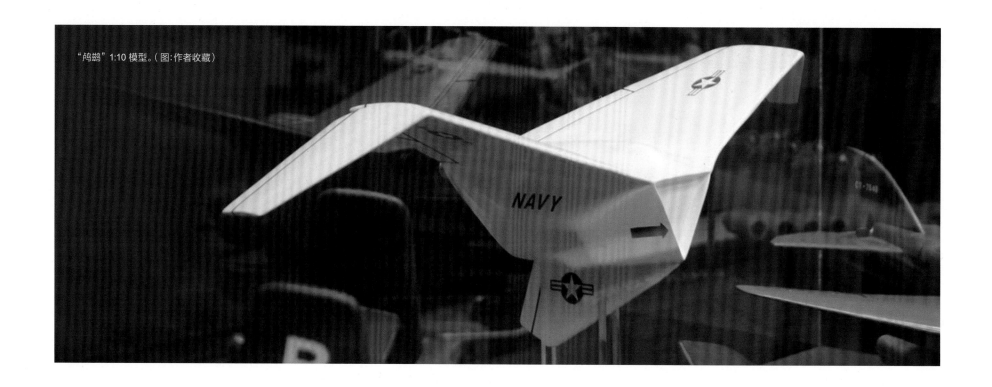

"鸬鹚"1:10 模型。（图：作者收藏）

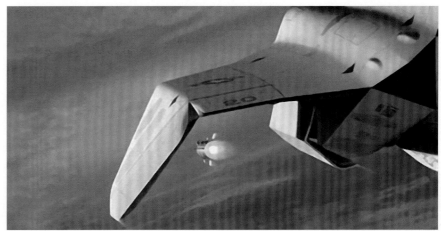

"鸬鹚"无人机是为应对 2006 年开始的由美国国防高级研究计划局发起的多用途无人机计划而诞生的产物。（图：洛克希德公司）

"鸬鹚"可以携带武器、侦察装置或情报收集装置。（图：洛克希德公司）

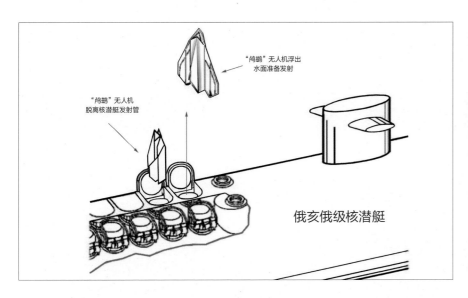

"鸬鹚"作为一款喷气动力隐形无人机，并非像导弹那样通过发射管发射，而是在一个类似手臂的对接鞍座的引导下离开潜艇并上浮至水面。出水后，"鸬鹚"再借助火箭助推器的推力升空。完成任务后，"鸬鹚"返航至从潜艇处接收到的坐标并降落在海中。最后，潜艇会发射水下回收装置对漂浮在海面上的无人机进行回收。（图：洛克希德公司）

这张图片截取自洛克希德公司发布的一条 YOUTUBE 视频，视频内容是"鸬鹚"从"俄亥俄"级核潜艇上浮的情景。（图：洛克希德公司）

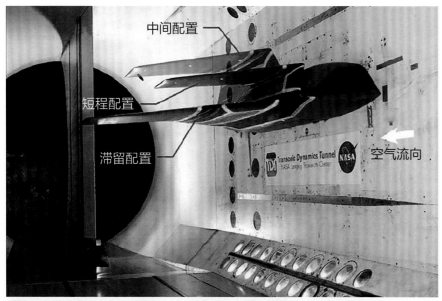

中间配置

短程配置

滞留配置

空气流向

一架"鸬鹚"执行完监视任务，正在返航准备被"俄亥俄"级核潜艇回收。（图：洛克希德公司）

柔性无缝外皮

美国国家航空航天局通过风洞试验来测试"鸬鹚"在重复使用的情况下，其折叠机翼的密封性。（图：洛克希德公司）

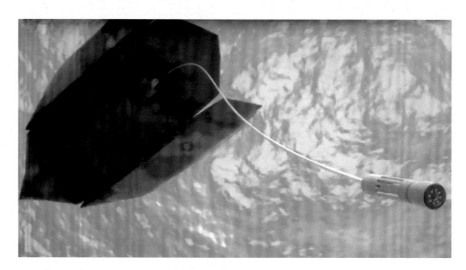

一架"鸬鹚"完成任务后落入水中，等待核潜艇找到回收线缆后将其拖回发射管中。（图：洛克希德公司）

P-791 混合式气垫飞艇

P-791 混合式气垫飞艇在棕榈谷第 42 空军工厂的跑道上起飞。（图：洛克希德公司）

P-791 混合式气垫飞艇

型号：P-791

别名：LMH-1

用途分类：混合式货运飞艇

长度：85.37 米

翼展：45.11 米

高度：23.77 米

最大起飞重量：不适用

首航日期：2006 年 1 月 31 日

末航日期：仍在飞行试验中

乘员数：3 人

总生产数量：1 架

动力装置：4 台 V6 柴油发动机（用来驱动三叶螺旋桨）

设计速度：0.09 马赫（111 千米 / 时）

实用升限：5486 米以上

作战半径：2600 千米

武器挂载量：无武器，最多可携带 21319 千克重的货物或 19 名乘员

混合式气垫飞艇可以以经济实惠的方式将重型货物或人员运送到世界各地的偏远地区。这种飞艇，其单位重量所需的燃料不到直升机的十分之一，且其续航能力傲人。混合式气垫飞艇能够无限制地进入全球范围内各种偏远地区，在缺少甚至全无基础设施的地区开展广泛活动。它有着皮卡车一般的使用便捷性，可常年运送货物、人员进出偏远地区，不受季节或基础设施普及度的制约。

洛克希德公司的臭鼬工厂耗费了 20 多年的时间来研发混合动力飞艇，竭尽所能地证明其卓越的性能和可由此带来的经济效益。在推出 P-791 混合式气垫飞艇技术验证机后，洛克希德公司成功验证了其所需的所有技术，完成了美国联邦航空管理局认证新机型所需的所有步骤，并开始生产首架商用实机。

在当时，世界三分之二以上的土地面积没有铺设完备的道路、一半以上的人口无法享受建设完备的路面运输。基础设施的缺乏更是为全球人道主义救援、自然资源开采和重型货物运输等事业带来了诸多挑战。多数情况下，在这些地区重新铺设道路或开辟航线并不可行。臭鼬工厂基于这些现实情况，研发出了 P-791 混合式气垫飞艇。它与其他飞行器相比有着强大的货运能力、超低的燃料消耗，速度也快于陆地和海上运输。

所谓的"气垫飞艇"，就是集航船、有翼飞机和直升机的特点于一身的载具。虽然其外形可能看起来有点奇怪，但它的工作原理非常简单：将三个加压的圆形充气的升力体并列成一个大的升力体，利用升力效应实现飞行和保持平衡。它可以在包括陆地、水域和冰川在内的几乎所有地形上完成空中货运工作，畅通无阻地进出全世界范围内的各种偏远地区。

P-791 混合式气垫飞艇几乎没有不能执行的货运任务，它曾平安运送重型设备到阿拉斯加偏远地区，还充当过飞行诊所活跃在救灾活动中，这是因为 P-791 混合式气垫飞艇可以降落在几乎任何地面上。传统货运飞艇面临的最大挑战之一，就是如何落地的问题，要在偏远地区发展基础设施非常昂贵且耗时，而 P-791 混合式气垫飞艇凭借气垫着陆系统可以相对不挑地形地在地面停稳。

P-791 混合式气垫飞艇底部的气垫着陆系统看起来就像三个巨型充气甜甜圈，它们能使飞艇漂浮在地面上方，在前进时不受地面阻力影响。此外，该系统还给予了 P-791 混合式气垫飞艇独特的水上悬停能力，这是任何其他货运飞行器都无法比拟的。

P-791 混合式气垫飞艇当然也可以在陆地上停稳，其气垫着陆系统会以轻微的吸力"抓住"地面并形成密封，从而降低风力的影响。通过气垫着陆系统，飞艇也可以轻松越过诸如树桩、岩石之类的障碍物，无须准备专门场地进行停靠。

记者在洛克希德公司棕榈谷工厂参观了 P-791 混合式气垫飞艇。(图：洛克希德/洛杉矶时报)

P-791 混合式气垫飞艇被公开展示，等待记者报道。（图：洛克希德公司）

P-791 混合式气垫飞艇可以到达如加拿大北部和非洲等地面交通无法到达的地方。（图：洛克希德公司、洛杉矶时报）

P-791 混合式气垫飞艇的舱室模块都安装了内倾挡风玻璃，以消除或减少眩光。（图：洛克希德公司）

412

P-791 混合式气垫飞艇的尾部推进装置和的三个并列升力体布局。(图：洛克希德公司 / 洛杉矶时报)

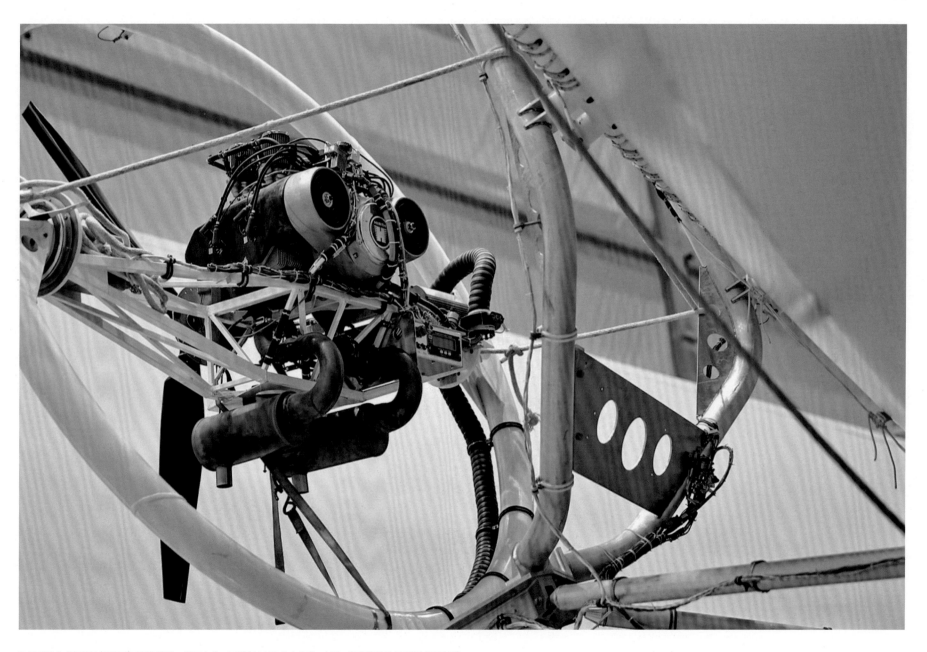

P-791 混合式气垫飞艇的尾部推进装置，带万向节，可进行 360° 自由旋转。（图：洛克希德公司 / 洛杉矶时报）

P-791 驾驶舱四周都是玻璃窗。它的飞行通过推力矢量控制，并通过飞线操纵四个控制面。全轴飞行控制系统控制机尾、四个万向节推进器、油门和桨距。(图：洛克希德公司)

P-791 混合式气垫飞艇的客舱内仅有 19 个座位，这个数字也是最大载客数。(图：洛克希德公司)

P-791 混合式气垫飞艇客舱的座位互相都挨得挺近，显得非常宽敞。(图：洛克希德公司)

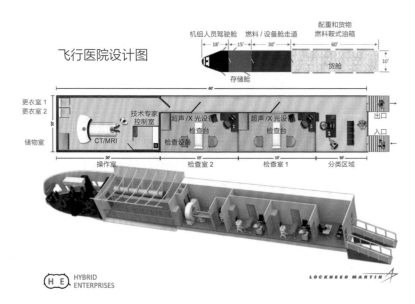

P-791 混合式气垫飞艇被设计的超大容量舱室，可按需用于货运、要员运输等目的。(图：洛克希德公司)

RQ-170 "哨兵" 无人机

"哨兵" 无人机模型。(图：Vahid Salemi、美联社和 Shutterstock)

RQ-170 "哨兵" 无人机

型号：RQ-170	最大起飞重量：未知	设计速度：亚音速
别名：哨兵 / 坎大哈野兽	首航日期：2005 年 9 月 1 日	实用升限：估计约为 15000 米
用途分类：战略侦察	末航日期：仍在服役中	作战范围：机密
长度：4.5 米	乘员数：无人驾驶（操控需要地勤人员 3 名）	武器挂载量：无武器，仅安装了光学和电子监视设备
翼展：27.43 米	总生产数量：20 架以上（目前仍为机密）	
高度：1.8 米	动力装置：1 台通用电气 TF34 发动机	

RQ-170"哨兵"无人机是一款由臭鼬工厂为美国空军设计和生产的高空长航时无人机。"哨兵"能够捕捉到战场上的实时图像,并通过视线通信数据链将数据传输到地面控制站。"哨兵"也被称为"坎大哈野兽",曾执行"永久自由行动"而被部署在阿富汗境内。"哨兵"在飞到约15千米的实用升限时,可通过大范围监视和侦察行动为操作员提供各种实时情报和数据。

内华达州克里奇空军基地的第432空战司令部联队和托诺帕试验场的第30侦察中队都在使用"哨兵"无人机。"哨兵"采用的无尾飞翼设计,在外形上类似于"暗星"和"臭鼬"。它的低可观测设计使其能够纵横于伊朗、印度和巴基斯坦等国的边境地区,由此获取有关导弹试验、遥测和多光谱情报的实时信息。

臭鼬工厂研发"哨兵"的初衷是满足军方对隐形无人机的需求,它没有装备武器,但能够实现在目标区域执行情报搜集、目标监视与侦察,甚至是发动电子战等任务。

2005年,"哨兵"在阿富汗坎大哈空军基地秘密进行了首次飞行,后于2009年12月在韩国某报纸上首次被提到。根据当时的报道,"哨兵"在韩国进行了飞行测试,以取代U-2"蛟龙夫人"侦察机。2010年8月,"哨兵"在增添了视频捕获功能后被重新部署到阿富汗。

"哨兵"具有蝙蝠形机翼、混合机身、尖锐的机头和三轮起落架,其机身前部下方安装有一个光电摄像头,用于捕捉战场上的实时图像或拍摄视频。通过定向卫星通信天线,"哨兵"可以顺畅地和地面控制站进行通信。"哨兵"的机身约90%由复合材料制成,极大减轻了整体重量。地面控制站可选择手动操控或任其自主行动,也可通过视线卫星通信数据链向无人机发送指令,对其进行跟踪、控制和监视。而在接收到"哨兵"发送的实时图像或视频后,地面控制站又会对资料进行处理、储存和呈现。若"哨兵"失去与地面控制站的联系,那么无人机自带的自动发射和回收系统也能保证飞机安全着陆。

位于机腹的整流罩内配备有主动电子扫描阵列雷达、合成孔径雷达和信号情报探测器。"哨兵"的动力装置是一台通用电气TF34涡扇发动机,后者可产生约4207千克的推力。这款发动机有着较高的推重比,相较于其他同类发动机燃耗更小,可将使用成本降至最低。此外,这款发动机拥有双级高压涡轮、四级低压涡轮、环形燃烧室和14级高压轴流压缩机。

2011年12月5日,一架"哨兵"无人机在伊朗东北部的喀什马尔市附近被伊朗军队俘获。最初,美国政府方面否认这是本国的无人机,但后来奥巴马总统承认了其来源。

"哨兵"被俘造成的损失是非常巨大的。这是因为它所拥有至今都难寻其匹的高科技且状态良好,却还是被伊朗给俘虏了。当时,伊朗和俄罗斯的关系融洽,对美国而言是潜在的对手。不过万幸的是,洛克希德公司的一位高级工程师告诉笔者说,"哨兵"上大部分的秘密技术都在机身底部位置,且在飞机坠地的时候应该都尽数损毁了。

自"哨兵"无人机首次曝光以来,其行踪一直都难以捉摸。目前,能够确认其出现过的地区有以下六个:阿富汗坎大哈机场、韩国群山空军基地、关岛安德森空军基地、托诺帕试验场、内华达州克里奇空军基地以及加州范登堡空军基地。现在,"哨兵"的生产地点也可以确定了:棕榈谷第42空军工厂。(图:作者收藏)

2009 年 年 初，"坎 大 哈 野 兽"，RQ-170"哨兵"无人机于阿富汗坎大哈空军基地。（图：作者收藏）

2011 年 12 月 5 日，美国军方消息人士证实，一架"哨兵"已被伊朗军队俘获。媒体报道称，多位美国官员拒绝证实伊朗国家电视台发布的视频中的这架无人机的来源。这张照片拍摄于伊朗德黑兰伊斯兰革命和神圣防御博物馆，站在"哨兵"边上、正对镜头的是当时的伊朗革命卫队指挥官侯赛因·萨拉米（Hossein Salami）少将。（图：ATTA KENARE/ 法新社于盖蒂图片社）

X-55A 先进复合材料货运飞机

2009 年 6 月 9 日，X-55A 准备在进入臭鼬工厂发动机启动区进行调试后首航。（图：洛克希德公司）

X-55A 先进复合材料货运飞机

型号：X-55A

别名：ACCA（先进复合材料货运飞机）

用途分类：X 系列技术验证机

长度：16.8 米

翼展：20.98 米

高度：7.24 米

最大起飞重量：9420 千克

首航日期：2009 年 6 月 9 日

末航日期：2010 年 10 月 10 日

乘员数：2 人

总生产数量：1 架

动力装置：2 台普拉特·惠特尼加拿大 PW306B 发动机

设计速度：0.61 马赫（750 千米 / 时）

实用升限：11000 米

作战范围：不适用

武器挂载量：不适用

420

X-55 是一款先进复合材料货运试验机，是由洛克希德公司在棕榈谷臭鼬工厂研发的。X-55 的设计蓝本是费柴尔德公司的多尼尔 328 喷气式客机，洛克希德公司对其后半部分的机身进行了加宽改造，使新机型可通过机身后半部分的斜坡装载货物。此外，洛克希德公司还为其加装了如垂尾在内的新部件。2009 年，X-55 进行了首航。据相关资料显示，X-55 的制造成本仅为同类飞机常规设计成本的一半。

20 世纪 90 年代中期，美国空军研究实验室承认，尽管与传统金属结构相比，使用先进复合材料来减轻飞机结构重量的做法具有极大的发展前景，但真要投入实际应用却又令人不敢轻易尝试。于是，美国空军研究实验室启动了"复合材料可负担性倡议"以期解决已知的风险和障碍。包括美国国家航空航天局在内的美国国有实验室机构与工业界开始联手开发先进材料和制造技术。这项由美国空军研究实验室引领、为期十年的研发工作在后来最终开花结果，诞生了 X-55A 先进复合材料货运飞机。

按照美国空军研究实验室的设想，使用先进复合材料的货运飞机的研发应该是快速而低成本的。实际上也是，X-55A 的设计仅历时五个月，设计获批后，一架多尼尔 328 喷气式客机在 20 个月内便完成改装（原有的机身和垂尾被拆除，取而代之的是专为空中机动任务量身定制的新型全复合设计结构），并成功试飞。

美国空军研究实验室对该项目的预算仅 5000 万美元。许多业内人士认为，凭这点预算不可能开发出使用复合材料的货运飞机。而臭鼬工厂研发团队则认为这完全是可行的，但前提是利用现成的飞机来削减成本。研发团队本着探索精神，一边孜孜不倦地对技术进行验证和测试，一边在不背离原有计划的前提下尽可能降低成本。他们对多尼尔 328 喷气式客机进行了大幅度的改装，将原有的发动机、机翼、起落架和航空电子系统与新型复合材料相结合制作出了全新机型（X-55A）。

X-55A 的顺利问世证明了在低温、非高压固化条件下进行大型单元结构粘合技术的可行性。X-55A 的机身，是由具有 MTM-45 和 Nomex 蜂窝芯夹层结构的上下两大部分拼接而成，并且是通过粘合剂和铺层覆盖层沿纵向接缝粘合在一起的，而并非像传统飞机那样使用加强框和铆钉进行拼接处理。X-55A 的垂尾则使用的是定制刚度技术。其余像驾驶舱、机翼、发动机和水平尾翼等部分都没有被改动。

与原来要用 40000 个部件的金属材料结构相比，X-55A 所采用的复合材料结构只需使用约 300 个结构部件、3000 个金属部件和约 4000 个机械紧固件。经大幅减重的飞机可携带更多的军用装备、人员和小型车辆，更能胜任军用运输型飞机的角色。

X-55A 的出现无疑推进了下一代战区空运飞机的发展，它向世人展示了如何通过使用先进复合材料和全新飞机结构来定义未来飞机设计和生产的流程，还体现出设计跨度显著缩短，飞机尺寸缩小，结构重量减轻，制造流程优化，工具成本降低，以及装配工人减少等优势。初步估计表明，与当下的制造工艺相比，使用先进复合材料的货运飞机的研发成本或可降低 25% 以上。此外，由于飞机整体重量更轻且燃耗更低，因此还能节省不少运营成本。

X-55A 首航开始后越过棕榈谷机场跑道入口。（图：洛克希德公司）

X-55A 由空军研究实验室提出设想，经 5 个月完成设计，于 20 个月后制作完成并试飞。（图：洛克希德公司）

2009 年 6 月 9 日，X-55A 在棕榈谷机场（第 42 空军工厂机场）进行首航。（图：洛克希德公司）

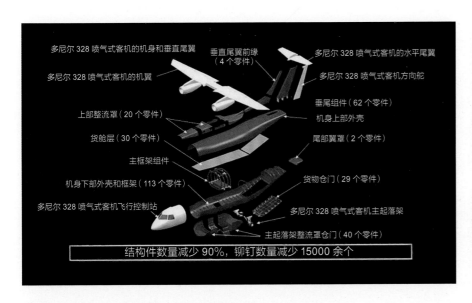

多尼尔 328 喷气式客机的机身和垂直尾翼

垂直尾翼前缘
（4 个零件）

多尼尔 328 喷气式客机的水平尾翼

多尼尔 328 喷气式客机的机翼

多尼尔 328 喷气式客机方向舵

上部整流罩（20 个零件）

垂尾组件（62 个零件）

机身上部外壳

货舱层（30 个零件）

尾部翼罩（2 个零件）

主框架组件

机身下部外壳和框架（113 个零件）

货物仓门（29 个零件）

多尼尔 328 喷气式客机飞行控制站

多尼尔 328 喷气式客机主起落架

主起落架整流罩仓门（40 个零件）

结构件数量减少 90%，铆钉数量减少 15000 余个

先进复合材料货运飞机 X-55A 改装所用到的主要部件图解。（图：洛克希德公司）

X-55A 的复合材料结构零部件构造和粘合过程。（图：洛克希德公司）

与原来要用 40000 个部件的金属材料结构相比，X-55 所采用的复合材料结构只需使用约 300 个结构部件、3000 个金属部件和约 4000 个机械紧固件。（图：洛克希德公司）

X-55A 的顺利问世证明了在低温、非高压固化条件下进行大型单元结构粘合技术的可行性。机身由上下两大部分拼接而成，具有夹层结构。（图：洛克希德公司）

粘合完毕的机身被运送至位于棕榈谷第 42 空军工厂的臭鼬工厂专用再装配区。（图：洛克希德公司）

洛克希德公司的技术人员准备将捐赠得来的多尼尔 328 喷气式客机的整个驾驶舱拼接到部分完成的复合材料机身上。（图：洛克希德公司）

生产技术人员将刚刚拆下的多尼尔 328 喷气式客机驾驶舱移至机库区域，等待稍后将其重新拼接到新的复合材料机身上。（图：洛克希德公司）

X-55A 即将从帕姆代尔机场跑道上起飞。（图：洛克希德公司）

这架 X-55A 目前位于帕姆代尔黑鸟机场博物馆。该馆每周五至周日视志愿者情况和天气免费开放。(图：洛克希德公司)

HTV-2 "猎鹰" 超音速飞机

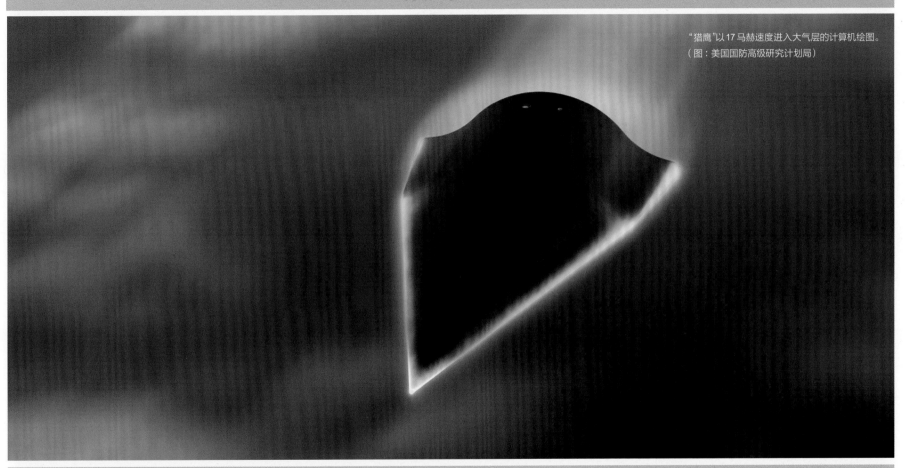

"猎鹰"以17马赫速度进入大气层的计算机绘图。
（图：美国国防高级研究计划局）

HTV-2 "猎鹰" 超音速飞机

型号：HTV-2	最大起飞重量：不适用	设计速度：17.53 马赫（21000 千米/时）
别名：第二代高超音速飞行器	首航日期：2010 年 4 月 22 日	实用升限：亚轨道
用途分类：技术验证机	末航日期：2011 年 8 月 11 日	作战半径：全球
长度：不适用	乘员数：无人驾驶	武器挂载量：不适用
翼展：不适用	总生产数量：2 架	
高度：不适用	动力装置：麦纳托四型运载火箭	

美国国防高级研究计划局历时多年终于研制出了 HTV-2 "猎鹰" 超音速飞机。该机的出现扩充了现有的技术知识库并推进了关键技术，使长航时高超音速飞行成了现实。通过该机试验所获得的数据直接影响到了未来美国国防部的 "常规即时全球打击计划" 所涉及的政策、采购行为和运营策略。而针对该机所进行的大量的建模模拟、风洞测试和两次实验飞行测试，更是收集到了符合计划中预期的高超音速飞行的数据。美国国防高级研究计划局想通过该机所验证的是，这样的飞机拥有能够在一小时内到达世界任何地方的能力。

"猎鹰" 作为一款无人驾驶、依靠火箭发射的飞机，在穿越大气层时，其速度能够达到令人难以置信的 20 马赫（约 21000 千米 / 时）——打个比方，它从纽约飞到洛杉矶仅需不到 12 分钟。"猎鹰" 也被人称为 "数据卡车"，其内部搭载有许多传感器，可在飞行途中收集各式各样的数据。

2020 年，美国国防部在长航时高超音速飞行领域攻克了三项关键技术难关：空气动力学、空气热效应，以及关键制导、导航和控制。

2010 年 4 月 22 日，"猎鹰" 成功进行了首航，并在 9 分钟的飞行中收集到了珍贵数据（包括它从 12 马赫加速至 17 马赫时的空气动力学数据，时长共计 139 秒）。

在这次首航中，"猎鹰" 完成了许多创举：

• 它达成了最多的包括海、陆、空和太空在内的各项飞行数据指标，为今后的高超音速飞行试验提供了支持。

• 它在以 3.6 米 / 秒的速度飞行时仍能正常收发全球定位系统信号。

• 它验证了飞行器实现双向通信的可能性。

• 它验证了反应控制系统的有效使用。

2011 年 8 月，"猎鹰" 进行了第二次飞行试验（同时也是末航）。在这次试验前，美国国防高级研究计划局吸取了第一次试飞的经验，并根据高速风洞测试和计算机模拟的结果改进了空气动力学模型、优化了飞行器设计和飞行轨迹。

这一次的试飞于太平洋时间上午 7：45 开始，随后麦纳托四型火箭成功地将飞机送入预设轨道。在与火箭成功分离后，"猎鹰" 开始在空气动力学的作用下以 20 马赫的速度保持飞行。这一过程是在大气层中进行高超音速飞行的关键步骤。根据记载，美国国防高级研究计划局对此有过如下阐述：

……根据预期，飞机外壳会在达到应力容限极限时逐渐磨损脱落。但实际脱落的部分比预期多。在 9 分钟的测试中，"猎鹰" 只有 3 分钟是受控的。

试验数据是在发生异常导致信号丢失前收集到的。初步迹象表明，飞机在沿计划路径飞行时坠落在了太平洋中。

我们目前掌握了将飞机送入近太空、在大气层中进行高超音速飞行的技术，却依然没有掌握如何对在空气动力学作用下飞行的飞机进行控制的技术。这虽然令人闹心，但我们仍相信我们必须且肯定能找到解决方案。

美国国防高级研究计划局主任雷吉那·杜根（Regina Dugan）表示："在首航之前，技术团队在地面完成了复杂的模拟和风洞测试，但似乎并没有得到最有用的东西。看样子，要想填补对高超音速飞行的理解空白，只能期待真正的飞行试验。在 2010 年 4 月进行的首次飞行试验中，我们获得的有效数据的量是之前各种地面测试的四倍。"

HTV-2 "猎鹰" 超音速飞机与麦纳托四型运载火箭分离的计算机绘图。（图：美国国防高级研究计划局）

HTV-2 外部配置

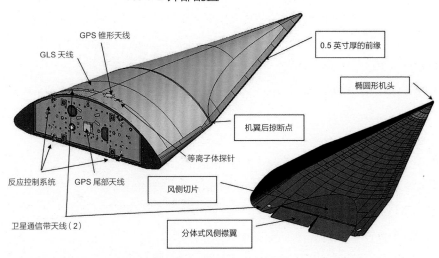

GPS 锥形天线

GLS 天线

0.5 英寸厚的前缘

椭圆形机头

机翼后掠断点

等离子体探针

反应控制系统

GPS 尾部天线

卫星通信带天线（2）

风侧切片

分体式风侧襟翼

"猎鹰"的外部配置图。（图：美国国防高级研究计划局）

HTV-2 飞行流程概览 DARPA

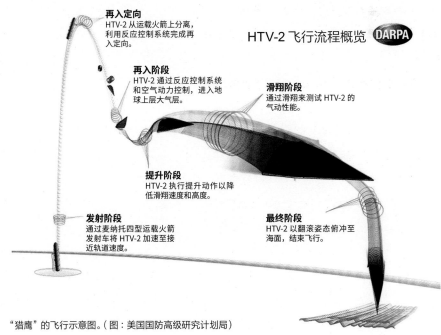

再入定向
HTV-2 从运载火箭上分离，利用反应控制系统完成再入定向。

再入阶段
HTV-2 通过反应控制系统和空气动力控制，进入地球上层大气层。

滑翔阶段
通过滑翔来测试 HTV-2 的气动性能。

提升阶段
HTV-2 执行提升动作以降低滑翔速度和高度。

发射阶段
通过麦纳托四型运载火箭发射车将 HTV-2 加速至接近轨道速度。

最终阶段
HTV-2 以翻滚姿态俯冲至海面，结束飞行。

"猎鹰"的飞行示意图。（图：美国国防高级研究计划局）

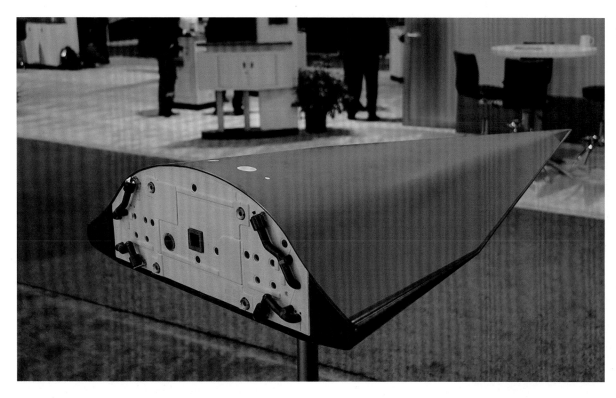

在空军协会展出的"猎鹰"试验模型。（图：洛克希德公司）

"猎鹰"从概念模型到风洞模型再到最终设计的各个阶段。（图：美国国防高级研究计划局）

2011 年 8 月 11 日，"猎鹰"即将在加州范登堡空军基地进行第二次试飞。照片中，"猎鹰"搭乘着麦纳托四型运载火箭在 SLC-8 发射工位点已准备就绪。（图：美国国防高级研究计划局）

时敏远程打击革新途径技术验证飞行器

2005 年，臭鼬工厂制作了 BGM-178 飞行器的全尺寸模型。

时敏远程打击革新途径技术验证飞行器

型号：BGM-178	最大起飞重量：907 千克	设计速度：3 马赫（3460 千米／时）以上
别名：RATTLRS	首航日期：不适用	实用升限：27500 米以上
用途分类：远程打击	末航日期：不适用	作战半径：805 千米
长度：6.4 米	乘员数：无人驾驶	
翼展：520 毫米	总生产数量：仅生产了部分组件和动力装置	
高度：不适用	动力装置：1 台罗尔斯·罗伊斯 YJ102R 涡轮喷气发动机	

时敏远程打击革新途径技术验证飞行器融合了当时诸多先进的技术，这让它在空中作战能力方面获得飞跃式提升的同时，具备了极高的灵活性，并减轻了后勤支持的压力。该机的研发计划由美国海军研究办公室出资，并得到了美国空军、美国国家航空航天局和美国国防高级研究计划局的支持，旨在对超音速科技导弹进行技术验证，并最终能够研发出一款飞行速度能够突破 3 马赫的高超音速巡航导弹，以对付水面舰艇、潜艇和飞机等海军、空军平台。

洛克希德公司联手艾里逊高级开发公司，共同研发了先进的 4 马赫集成推进系统。艾里逊高级开发公司生产的 YJ102R 发动机曾为 SR-71"黑鸟"侦察机提供了超音速的巡航能力，这种简单而又便宜的发动机也适用于一些造价不高的导弹系统。SR-71"黑鸟"侦察机首航后的 60 年里，涡轮冷却技术取得了长足的进步，这也就使得当时的 YJ102R 发动机可以提供"黑鸟"所用的老式发动机 6 倍以上的单位推力，可以在没有高燃料消耗的加力引擎的情况下达到与"黑鸟"相近的飞行速度。

洛克希德公司在位于田纳西州塔拉霍马附近的阿诺德空军基地的高速风洞实验室中完成了飞行器的耐压测试。该测试验证了飞行器的结构完整性，是具有里程碑意义的关键步骤。之后，飞行器进入了最终集成和系统检查阶段，可研发计划却在这时因成本超支和技术问题而被迫取消。

按原计划，该飞行器的首航测试应在 2007 年年底或 2008 年年初进行，并由洛克希德公司负责武器系统的集成，由罗尔斯·罗伊斯公司负责发动机的开发。

早在 2005 年，洛克希德公司的导弹火控部门就开始为这款飞行器开发武器系统。他们研究了增强型穿透式武装的可能性，以期更有效地对付进行了加固处理的目标或埋于地下的目标，并希望能在一年时间内取得进展。2006 年 10 月 18 日，洛克希德公司完成了穿透弹头的滑车试验和在高速状态下的有效载荷测试。在测试中，被加速到 2 马赫以上的飞行器干净利落地穿透了混凝土屏障，且弹头结构仍较为完好。

按原计划，这款飞行器的原型机会被命名为"BGM-178"，以取代雷神公司的 BGM-109 战斧巡航导弹，并会在 21 世纪 00 年代后期进行飞行测试。但由于研发计划被中途取消，以上规划均未实现。截至目前，不论是洛克希德公司，还是美国海军研究办公室，都再没有关于这款飞行器的消息传出了。

时敏远程打击革新途径技术验证飞行器的早期进气道设计是在位于田纳西州塔拉霍马的阿诺德空军基地的高速风洞实验室中进行测试的。（图：阿诺德工程开发中心）

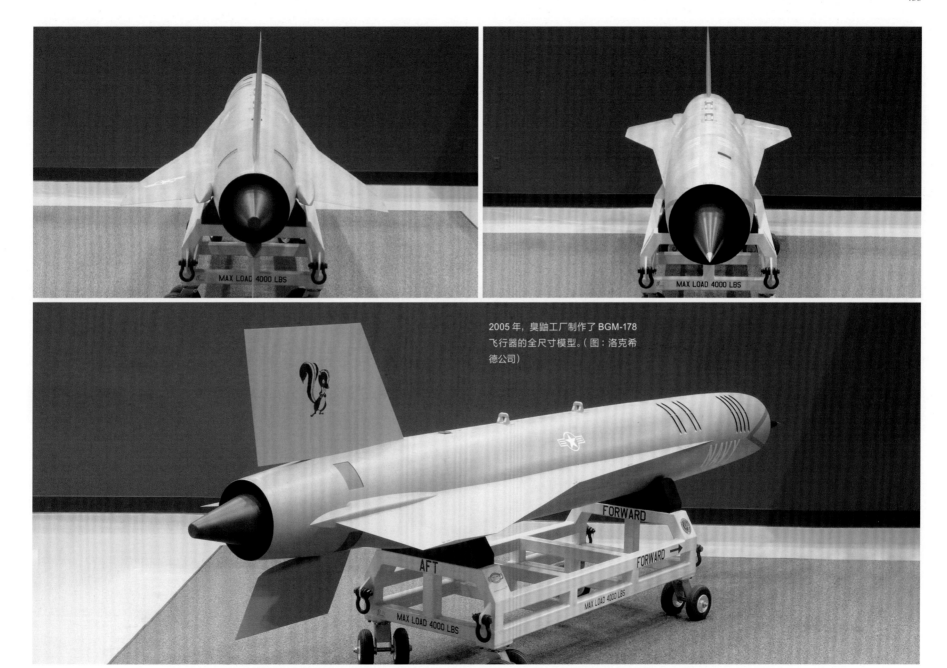

2005 年，臭鼬工厂制作了 BGM-178
飞行器的全尺寸模型。（图：洛克希
德公司）

通过 B-52H "同温层堡垒" 轰炸机发射 BGM-178 飞行器的计算机绘图。(图：洛克希德公司)

BGM-178 飞行器可在空中、水面舰艇以及核潜艇中进行发射。(图：洛克希德公司)

通过 F-35 "闪电 II" 战斗机外部吊舱发射 BGM-178 飞行器。(图：洛克希德公司)

2007 年纽约 "军舰周" 期间，在停泊于曼哈顿 90 号码头的 "黄蜂" 号航空母舰上，美国海军研究办公室公开展示了 BGM-178 飞行器的全尺寸模型。(图：美国海军)

X-56A 无人机

2015 年 4 月 9 日，X-56A 在美国国家航空航天局的指挥下进行了首航。该机的前 8 次飞行是使用刚性机翼进行的，后于 2017 年 8 月 31 日改装了高度柔性机翼并完成了首航。(图：美国国家航空航天局)

X-56A 无人机

型号：X-56A	最大起飞重量：218 千克	设计速度：0.18 马赫（222 千米 / 时）
别名：多功能技术试验台	首航日期：2013 年 7 月 26 日	实用升限：不适用
用途分类：X 系列技术验证机	末航日期：仍在飞行试验中	作战范围：不适用
长度：2.3 米	乘员数：地面操作员 1 名	武器挂载量：不适用
翼展：8.4 米	总生产数量：2 架	
高度：不适用	动力装置：2 台凯德 P400 涡轮喷气发动机	

一般来说，外形狭长而薄且具有高展弦比的机翼对未来远程飞机的设计至关重要（如节油型客机和货运飞机等）。但是，与当今多数飞机所采用的较短的刚性机翼不同，狭长而灵活的机翼不仅容易受到颤振影响而无法控制，还有可能会受到阵风和大气湍流弯曲力的影响。

为提高飞行质量、效率、安全性和柔性飞机结构的使用寿命，美国国家航空航天局阿姆斯特朗飞行研究中心正在借助 X-56A 无人机研究主动抑制颤振和缓解阵风载荷的关键性技术。X-56A 是一款由臭鼬工厂为空军研究实验室开发的小型遥控试验机。此外，该研究中心也一直致力于高效、环保的运输机轻质结构和先进控制技术的相关研究。

X-56A 长 2.3 米，翼展 8.4 米，重约 218 千克，由两台凯德 P400 涡轮喷气发动机（每台发动机的推力约为 40.8 千克）提供动力。该机包括两个中心体、一组刚性机翼和三组柔性机翼，由地面控制站负责飞机的操作。X-56A 的机翼拆卸简便，且可以根据实际需要改变配置和布局，比如可将其调整为连翼布局或翼尾布局。该机配备了弹道降落伞回收系统，即便在机翼发生故障的情况下，其机身和大部分机载系统仍能被回收。

2013 年下半年至 2014 年年初，洛克希德公司和空军研究实验室合作，对 X-56A 进行了早期的飞行测试，顺利收集到了有关高度灵活结构和颤振抑制控制技术的相关数据。最初，飞机使用传统的刚性机翼进行飞行。2014 年年初，研究人员开始使用柔性机翼来测试主动颤振抑制。在完成了相关飞行试验后，X-56A 被转移到美国国家航空航天局德莱顿飞行研究中心进行轻量化研究。

美国国家航空航天局基础航空计划下的一个为期五年的固定翼项目正在开发一种灵活的机翼飞行控制系统和先进传感器，以测量机翼形状和检测气流分离情况。X-56A 正是依靠这些系统和仪器实现飞行的。X-56A 的机翼细长，灵活性高，机翼的展弦比也比现在的商用客机高得多。X-56A 目前只是一款小型低速无人机，不过我们相信在它身上取得的研究结果一定有利于未来亚音速和超音速无人机的设计。

臭鼬工厂认为，通过对 X-56A 这样一款低成本、模块化的遥控飞机进行研究，能够推进气动伺服弹性技术的发展。臭鼬工厂曾在对该机进行测试的过程中使用了能够主动产生颤振的飞行剖面，以证明机载仪表不仅可以准确预测和感知机翼颤振的开始，还可以通过控制系统主动抑制气动弹性不稳定性。美国国家航空航天局阿姆斯特朗飞行研究中心的工程师也曾通过调试 X-56A 的飞行控制计算机软件，来研究与主动颤振抑制相关的问题。同时，他们还致力于降低阵风载荷，以提高飞机在飞行中遭遇湍流时的安全系数。他们希望达到的目标如下：

- 完善颤振抑制技术。
- 减轻结构重量以提高燃油效率和续航里程。
- 增加 30% 至 40% 的机身纵横比，以减少空气阻力。
- 通过减少阵风荷载来促进改善长期结构完整性。

下一代航空航天器的设计在建模，以及对具有潜在破坏性的气动伺服弹性进行预测和控制方面面临着严峻挑战。X-56A 从设计到生产各阶段都确保了飞机能够适应在飞行包线极限位置的测试。此外，在各项技术趋于成熟的过程中，X-56A 的机翼也会随之变得更加纤细、轻巧，而展弦比的提高也能让飞机性能获得提升。

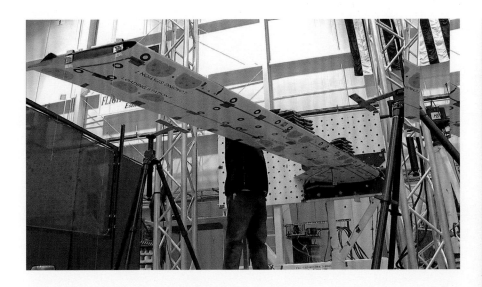

业界人士普遍认为，外形狭长、薄、具有高展弦比的机翼对未来远程飞机的设计至关重要。（图：美国国家航空航天局）

X-56A 作为一款混合式飞翼飞行器，翼尖采取了垂直表面设计。该机的机身搭载了双发动机、航空电子设备、燃料储存装置和三轮式起落架。（图：美国国家航空航天局）

X-56A 正在接受负载测试，进行该测试的目的是确定飞机在最极端的机动过程中的最大结构弯曲量。（图：美国国家航空航天局）

一辆拖车正在将 X-56A 运往罗杰斯干湖进行
试飞。(图:美国国家航空航天局)

X-56A 的飞行由地面控制站中
的两名专业操作员控制。(图:
洛克希德公司)

第二次试飞期间,X-56A 从罗杰斯干湖起飞
后,正在进行爬升。(图:洛克希德公司)

一名美国空军的地面发射人员正在准备进行 X-56A 的试飞。(图：洛克希德公司)

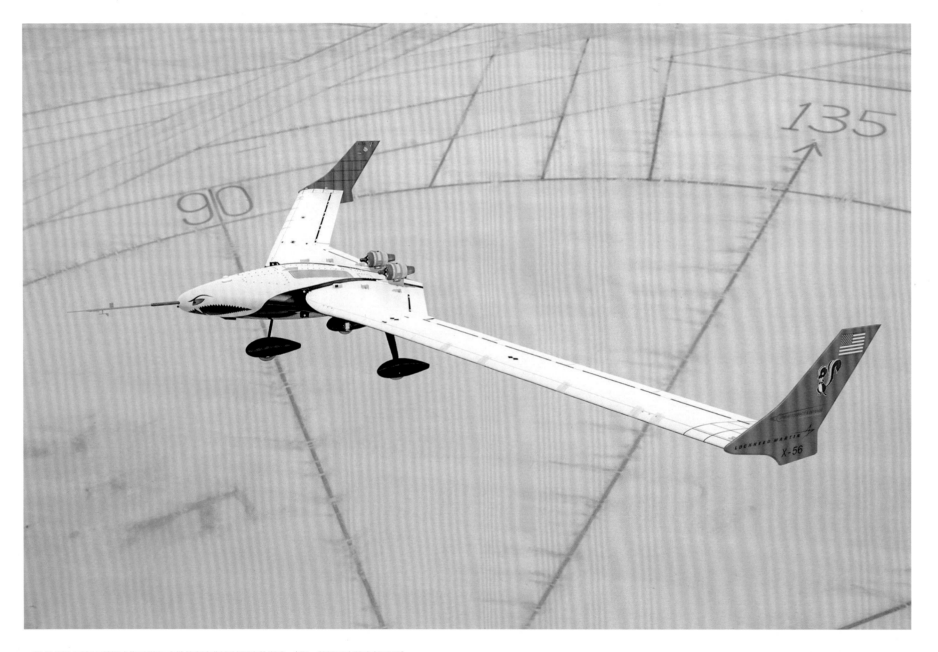

一架 X-56A 正在飞越罗杰斯干湖标志性的刻有指南针图案的湖床。（图：美国国家航空航天局）

一架 X-56A 即将在罗杰斯干湖降落。（图：美国国家航空航天局）

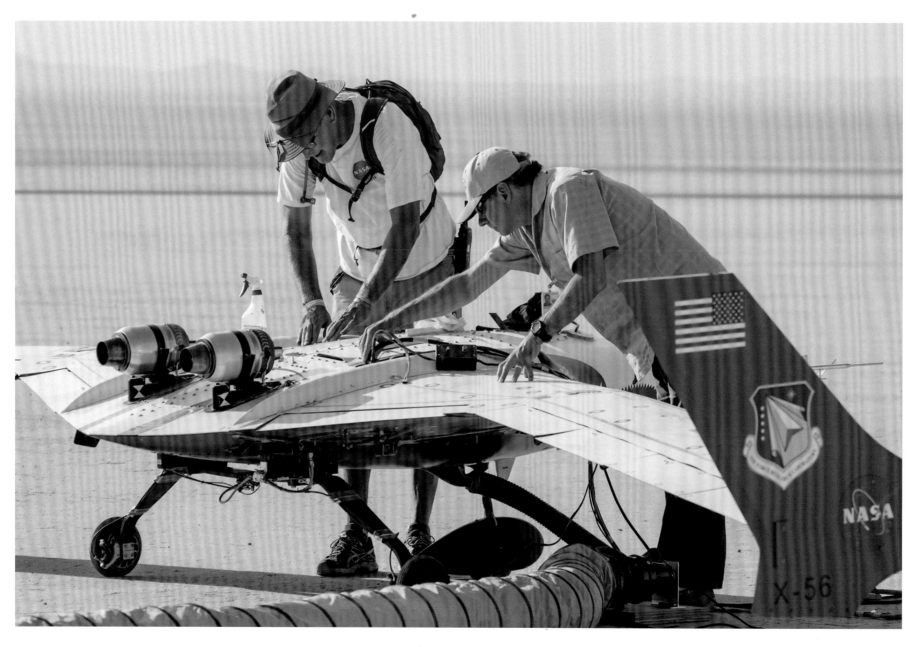

美国国家航空航天局发射团队正在为 X-56A 做飞行前的准备。研究人员正在研究是否可以对高度柔性的轻量化机翼进行控制。(图：美国国家航空航天局)

RQ-25 "深海幽灵" 隐形无人机

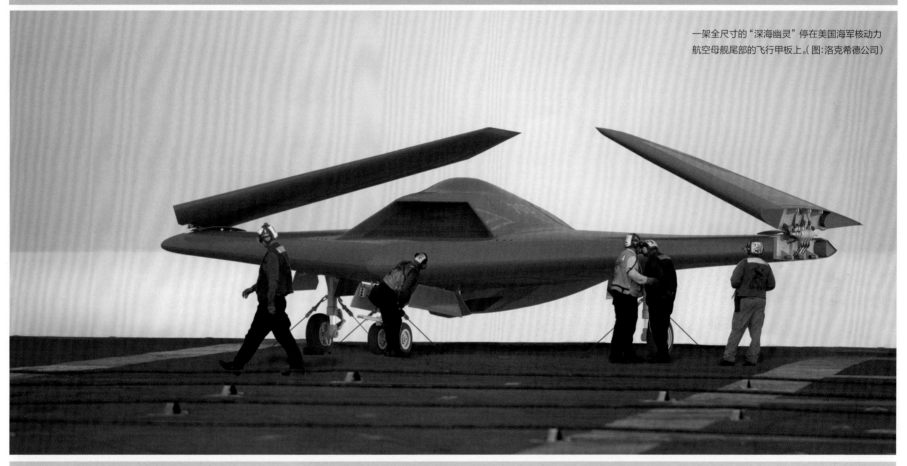

一架全尺寸的"深海幽灵"停在美国海军核动力航空母舰尾部的飞行甲板上。(图:洛克希德公司)

RQ-25 "深海幽灵" 隐形无人机

型号:无人舰载空中侦察打击	最大起飞重量:未知	设计速度:亚音速
别名:深海幽灵	转场航程:机密	实用升限:10670 米
用途分类:空中加油机或其他用途	首航日期:仅生产了试验模型	作战范围:机密
长度:4.5 米	末航日期:不适用	其他设备:空中加油装备
翼展:27.43 米	乘员数:无人驾驶 总生产数量:不适用	
高度:1.8 米	动力装置:1 台盖瑞特 TFE731 发动机	

2013 年，臭鼬工厂推出了无人舰载空中侦察打击机——RQ-25"深海幽灵"隐形无人机。该机与大获成功的 RQ-170"哨兵"无人机在机身外形和使用技术上有着许多相似之处。

"深海幽灵"从一开始就是冲着隐形功能而被设计的，它不仅具有先进的特征控制、通信和带宽管理能力，更是融合了"哨兵"无人机和 F-35"闪电Ⅱ"战斗机的成熟技术，在情报收集、监视、侦察和轻打击任务中有着傲人的续航能力。"深海幽灵"携带有光电传感器，其开放式架构支持多种航空电子设备。此外，该机还可以很方便的添设新的传感器和其他系统，能很好地适应未来技术和任务需求的变化和发展。此外，在武器系统方面，"深海幽灵"可容纳两枚 454 千克重的炸弹。

"深海幽灵"的研发目的主要是为了让无人机可自主执行任务，但在需要时，操作员也可进行必要的干预。这样一来，一个人便有可能同时管理多架无人机。虽然美国海军至今尚未确切公布他们对无人舰载空中侦察打击机的要求，但根据 2011 年 5 月 27 日海军部部长雷·马布斯（Ray Mabus）在美国海军学院发表的讲话，我们可以推断美国军方似乎也可能是在观望各大厂商能有什么动作。

不过，无论无人舰载空中侦察打击机计划最终走向何方，无论"深海幽灵"最后是否能够具备一些人所要求的穿透性重型打击能力，相关方面在该计划上下的赌注都无疑是非常高的。2015 年 4 月，在海军联盟举办的海空天博览会上，马布斯预测洛克希德公司的 F-35"闪电Ⅱ"战斗机几乎肯定会是海军最后一款需要飞行员驾驶的攻击战斗机。这意味着取代"超级大黄蜂"系列战斗机的将会是一款无人机。

正如马布斯所说："未来的无人舰载空中侦察打击机将成为有人驾驶飞机和完全自主操控的无人攻击机之间的过渡产品……"

在南加州海岸附近飞行的"深海幽灵"。（图：洛克希德公司）

"深海幽灵"发射时的情景。该机借鉴了 RQ-170"哨兵"无人机的运行经验。而且，从"深海幽灵"身上也能看到 F-117A"夜鹰"隐形攻击机的影子。（图：洛克希德公司）

一架"深海幽灵"正在美国海军核动力航空母舰上进行线缆抓取练习。(图：洛克希德公司)

一架 RQ-25"深海幽灵"为 F-35C 进行空中加油（渲染图）。（图：洛克希德公司）

X-59 静音超音速验证机

X-59 静音超音速验证机

型号：X-59

别名：静音超音速验证机

用途分类：低臂超音速试验台

长度：29.46 米

翼展：8.99 米

高度：4.27 米

最大起飞重量：11023 千克

首航日期：计划自 2021 年起至 2022 年年初

末航日期：不适用

乘员数：1 人

总生产数量：1 架

动力装置：1 台通用电气 F414-GE-100 发动机

设计速度：1.4 马赫（1728.8 千米 / 时）

实用升限：13106.4 米

作战范围：不适用

其他设备：最多 272.2 千克重的测试设备

臭鼬工厂联手美国国家航空航天局，试图解决飞行器在超音速飞行中久攻不克的问题之一——音爆。为此，美国国家航空航天局研发了 X-59 静音超音速验证机，希望该机在以超音速飞行时不再产生令人讨厌的音爆。根据预期，X-59 能够以约 1512 千米/时的速度在 16700 米的高空进行巡航飞行，产生的噪声仅有"不比关车门声大多少"。

2016 年 2 月，臭鼬工厂被获准进行低臂飞行验证机 X-59 的设计、生产和飞行测试。X-59 飞机会收集民众对飞机噪音的接受度数据，而这些数据将帮助美国国家航空航天局制定超音速商用机噪声标准，以改变目前禁止超音速飞机在民用区域飞行的规定。这将为飞机制造商们在世界范围内创造出一个全新的市场，民众搭乘飞机出行也能够节省一半时间。

2018 年 11 月，臭鼬工厂首次交付了第一批 X-59 所需要的零部件。2011 年 9 月中旬，X-59 通过了关键设计审查，已经确定可以从图纸设计阶段进入到实体机制造阶段了。此举无疑具有里程碑式的意义。关键设计审查的通过，证明 X-59 的设计已经足够成熟，可以继续进入下一阶段并完成基本组装。下一步就等着独立审查委员会来做调查了。在进行关键设计审查的过程中，美国国家航空航天局曾提出了一些需要解决的问题，并就洛克希德公司是否应该继续进行该项目的研究提出了自己的建议。不过根据最终的结果，审查委员会并没有发现严重到需要终止该项目的问题。自此，飞机的组装工作被安排加紧进行。

让臭鼬工厂来负责开拓商用超音速航空的未来或许再合适不过了。毕竟他们在 70 多年前研制的 SR-71"黑鸟"侦察机就是当时最快的飞机。不过，臭鼬工厂拿下 X-59 项目可能并不是准备趁势研究全新的制造技术，也许是为了利用自己已经掌握的、行之有效的方法来研制可以投入实际使用的飞机。

X-59 的组装工作用到的夹具大概有三种：用来组装机身的前夹具；用来组装机翼的中部夹具；用来组装飞机的垂直和水平尾翼的后夹具。

2021 年，X-59 进行的初步飞行测试，证明了其飞行稳定性。接着，该机还将继续接受一系列超音速飞行测试，以验证其是否像预期的那样不会产生较大的噪音。之后，X-59 会在民用区域进行飞行测试，以便收集民众的反应。根据计划，这些数据会在 2023 年被提供给美国联邦航空管理局等机构。

X-59 静音超音速验证机的小比例模型正在美国国家航空航天局兰利研究中心的 4.2×6.7 米风洞中进行烟雾和激光气流评估。由此得到的试验数据可以用来与分析得来的数据进行对比研究。（图：美国国家航空航天局）

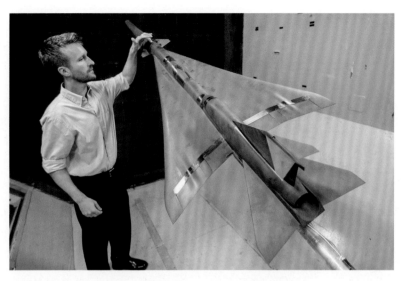

美国国家航空航天局研究人员在位于弗吉尼亚州汉普顿的兰利研究中心的 3.6 米长的低速风洞中检查一架 X-59 的 1：12.5 比例试验模型。（图：美国国家航空航天局）

在美国国家航空航天局兰利研究中心的 4.2× 6.7 米亚音速风洞内，一名来自雅各布斯技术公司的测试工程师正在对 X-59 的试验模型进行设置。（图：美国国家航空航天局）

在位于克利夫兰的美国国家航空航天局格伦研究中心的 2.4×1.8 米超音速风洞中，一架 1：10.5 比例的 X-59 试验模型以 0.3 至 1.55 马赫的速度进行了测试。（图：美国国家航空航天局）

美国国家航空航天局兰利研究中心的研究人员成功在比奇公司的 UC-12B "空中王" 试验机上进行了对 XVS 先进视觉系统的测试。XVS 将使 X-59 的飞行员在没有前向窗口的情况下有信心实现安全飞行。（图：美国国家航空航天局）

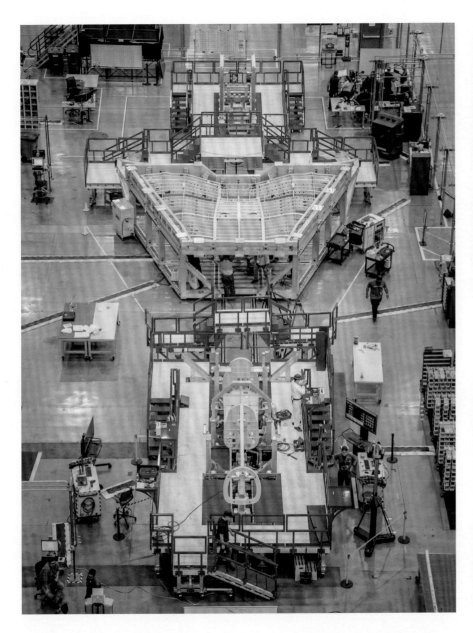

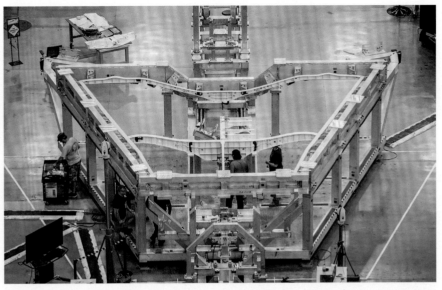

X-59 的机翼和后机身部件被固定在装配夹具中。（图：洛克希德公司）

X-59 的建造和组装在 2019 年取得了很大进展。我们已经从照片中可以看到前机身和驾驶舱的轮廓。（图：洛克希德公司）

X-59 的机翼组件由起重机吊起并移动到制造车间的另一片区域，为安装机翼蒙皮做准备。我们从照片中可以看到飞机的主体和一部分机翼的外形。（图：洛克希德公司）

这三张计算机绘图展现了 X-59 实体机的外形和机舱内部的情景。（图：洛克希德·马丁公司）

紧凑型核聚变反应堆

紧凑型核聚变反应堆的尺寸一般都很小，而这也是它被看好的主要原因。（图：洛克希德公司）

70 多年前，科学家发现核裂变反应能够产生巨大的能量，这在当时无疑是举世瞩目的重大发现。后来，人们一直在试图利用核裂变来为几乎所有东西提供动力（包括飞机）。不过，由于核裂变的具体应用是个较为复杂的问题，所以最终其没能投入广泛应用，目前一般仅运用于核反应堆。后来，科学家又发现了核聚变，并认为成功可控的核聚变能够产生更为清洁和安全的能源。

在核聚变反应中，气体被加热并分解成离子和电子。当离子变得足够热时，它们可以在克服排斥作用后互相碰撞并融合在一起，同时释放出巨大的能量（能比一般的化学反应所产生的能量高 100 万倍以上，也比核裂变反应所产生的能量高了 3 至 4 倍）。太阳产生能量的原理其实就是核聚变。洛克希德公司目前正在研究如何借助磁瓶来模拟太阳产生能量的过程。磁瓶是核聚变实验中所使用到的约束等离子体的一种磁场，能够承受数亿度的温度。它可以使反应变得可控，产生可以为人们所利用的能量。而洛克希德公司的紧凑型核聚变反应堆就是基于 60 多年核聚变研究经验的一次尝试。它在很大程度上是利用磁场力进行磁约束的，规模会比以往的核聚变反应堆小十倍。顾名思义，紧凑型核聚变反应堆的尺寸规模一定很小，这也是它被看好的主要原因。考虑到核聚变测试所需要的时间和改进周期，洛克希德公司认为大概经过五年时间就能开发出反应堆原型了。

紧凑型聚变反应堆所产生的热能可以通过简单的热交换器来代替燃烧室驱动涡轮发电机，从而产生电力或推力。但由于设计周期较短，该计划也面临着各方面选择较少且经费不充足的问题。研究人员认为，紧凑型核聚变反应堆一旦成为现实，能够做到以下事情：

• 为飞机提供几乎无限的续航能力。核聚变所产生的高密度能量可以让 C-5"银河"运输机这样的飞机只需几瓶氢气就能连续飞行一年时间。

• 向整个世界包括发展中国家提供可以无限供应的便宜能源。

• 为船只提供安全的电能。紧凑型核聚变产生的能量可通过涡轮发电机，为船只提供无限续航。

• 提速星际旅行。核聚变产生的高密度能量可使星际飞行器在一个月内飞到火星，而非目前的六个月。

• 为拥有 5 万人至 10 万人的城市供电。这仅需将核聚变反应堆应用于 100 兆瓦级燃气轮机发电厂中即可。它们可以根据需要被部署到世界各地。

• 为世界人民提供清洁的饮用水。紧凑型核聚变反应堆能够使海水淡化成本降低 60% 以上。

2017 年，洛克希德公司的一位发言人曾提到，他们将在十年内发明一种小型核聚变发动机，并利用无限的清洁核能来为大型远洋船只甚至整个小镇提供所需要的能源；再过十年，洛克希德公司还会将独立式冷核聚变反应堆进行商业化，为世界提供无危险、无核扩散、无温室气体排放的清洁能源。

臭鼬工厂现任副总裁兼总经理杰夫·巴比恩（Jeff Babione）说："虽然进展比预期的要慢，但我相信我司最终一定能够研发出冷核聚变反应堆。"事实上，洛克希德公司原本希望赶在 2019 年年底之前能够开始着手研发他们的下一代核聚变反应堆 T5，但由于新冠疫情爆发，该计划被推迟到了 2021 年。

T5 主要被用来展现等离子体的加热和膨胀过程，以及测量保护壁不受等离子体影响的磁化鞘深度。T5 还能够用来测量包含着等离子体的磁场线边界相交或缠绕支撑反应堆超导磁体杆周围的相关损耗，用于验证高密度等离子体源，以及捕获和限制引发等离子体点火的中性束注入器的能力。

除了 T5，洛克希德公司还计划研发另外三种核聚变反应测试装置。其中，T8 属于氘—氚反应堆，能够展现核聚变产生的 α 粒子的约束性和稳定性。杰夫·巴比恩认为："下一个挑战是扩大规模。要如何扩大规模才能为一座城市提供电力呢？各种问题都摆在我们面前。这当然是不容易实现的任务，但我们认为这并非不可能。"

一个小到可以装在卡车上的反应堆，居然能够为一个人口多达 10 万人的小城市提供足够的电力。(图：洛克希德公司)

紧凑型核聚变反应堆。（图：洛克希德公司）

磁瓶是核聚变实验中使用的约束等离子体的一种磁场，能够承受数亿度的温度。紧凑型核聚变反应堆如果能做得足够小，便有可能被用作飞机的动力源，这样飞机就能够穿梭于世界上的任何地方，无须中途加油，也没有碳足迹。（图：洛克希德公司）

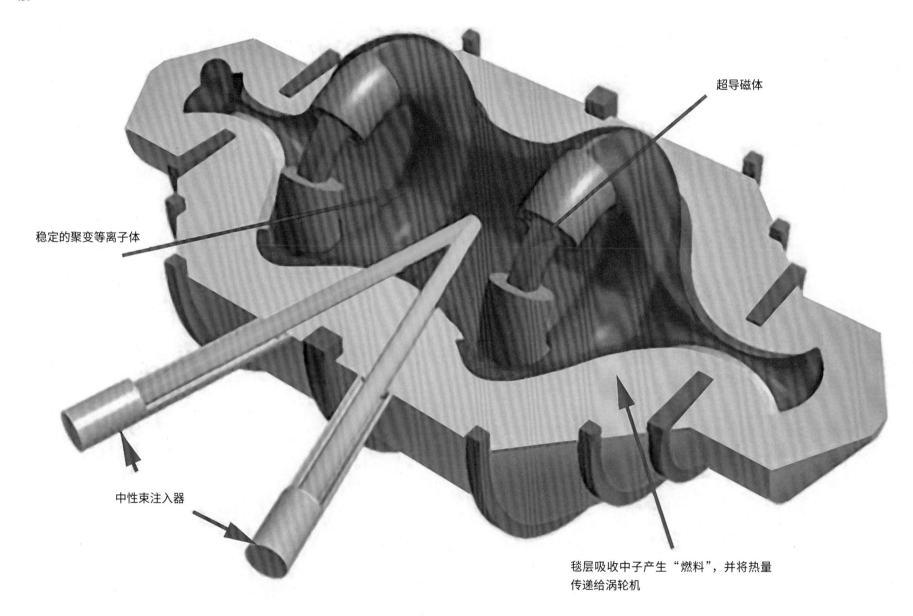

超导磁体

稳定的聚变等离子体

中性束注入器

毯层吸收中子产生"燃料",并将热量
传递给涡轮机

紧凑型核聚变反应堆的内部结构示意图。(图:洛克希德公司)

SR-72 "黑鸟之子" 侦察机

SR-72 "黑鸟之子" 侦察机

型号：SR-72

别名：黑鸟之子

用途分类：战略侦察机

长度：32.9 米

翼展：15.1 米（估计值）

高度：4.1 米（估计值）

最大起飞重量：63503 千克

首航日期：预计 2030 年

末航日期：未知

乘员数：2 人或无人驾驶

总生产数量：不适用

动力装置：不适用

设计速度：8 马赫（9,878.4 千米／时）（估计值）

实用升限：54864 米（估计值）

作战半径：洲际飞行

武器挂载量：无武器，安装有照相、电子和反拒止设备及传感器

洛克希德公司受美国国家航空航天局委托，研究利用现有涡轮发动机技术进行新型超高音速侦察机的研发，使后者能执行情报收集和监视等任务，项目名定为"SR-72"，绰号为"黑鸟之子"。

合同中提到了一项参数设计研究，以确定基于涡轮机的联合循环推进系统的可行性。该系统采用了最新问世的几种涡轮发动机解决方案，并用上了极低马赫数点火双模式冲压发动机。

根据设想，"黑鸟之子"是一款无人驾驶、可重复使用的高超音速情报、监视、侦察打击机，其航速可达6马赫——几乎是其前身SR-71"黑鸟"侦察机的两倍。美国国家航空航天局目前正在资助洛克希德公司进行先前的一项研究，希望后者能够研发出一款结合涡轮和冲压式喷气发动机的双模式发动机，以让飞行器实现7马赫的航速。

"黑鸟"侦察机搭载了两台为其量身定制的普拉特·惠特尼J58发动机，航速可达3.2马赫。通过重新引导发动机核心周围的空气进入加力燃烧室，涡轮冲压发动机能够有类似低速冲压喷气发动机的表现，从1.4马赫开始逐步加速到2.5马赫以上。很长一段时间以来，其他各国都在研究对抗美国空军隐形战斗机和隐形轰炸机的技术——这就不难理解高超音速飞机在军备竞赛中的重要地位了。现阶段，美国空军试图实现高超音速打击武装。在此之前，他们借助B-52"同温层堡垒"轰炸机成功试飞了X-51"乘波者"高超音速验证机，在助推火箭的帮助下使后者的速度达到了4.8马赫。接着，在点燃冲压式喷气发动机后，X-51"乘波者"又进一步加速到了5.1马赫。军方的后续计划是继续研发出一种速度可达6马赫并可以重复使用的无人飞机。

多年来，空军研究实验室和美国国防高级研究计划局一直在研究低速冲压发动机，通过HTV-3X计划，他们证明了冲压喷气发动机可在3马赫以下的速度运行。于是，洛克希德公司携手Aerojet Rocketdyne公司，想出一种利用现有的发动机（如F100或F110发动机）使飞行器短暂加速到2.2马赫的方法，试图以此缩小两种推进技术之间的差距。该研究是为了试验"黑鸟之子"是否可以利用现有技术模拟出搭载双模冲压发动机的效果，达到理论上的2至2.5马赫的速度。

高超音速推进技术面临的最大问题，一直是涡轮喷气发动机的最高速度与冲压喷气发动机的最低速度之间的速度差距：大多数冲压发动机无法在4马赫以下实现点火，而涡轮发动机通常只能加速到2.2马赫，低于冲压发动机的最低运作速度。

因此，美国试图开发一种可以加速到4马赫的涡轮发动机，或者是可以在涡轮发动机的速度范围内运行的冲压发动机。目前，他们正在寻找一种基于涡轮机的组合系统——在低速时和回收降速阶段，由涡轮机提供动力；在高速时，则由冲压发动机或超燃冲压发动机负责提供动力，最终目标是实现7马赫的最高速度。

美国国家航空航天局正在考虑利用几种现有的涡扇发动机来进行项目研究，比如普拉特·惠特尼F100-PW-229发动机（F-15"美利坚之鹰"战斗机和F-16"战隼"战斗机所用的发动机）。此外，波音公司的"超级大黄蜂"系列战斗机使用的通用电气F414发动机和空军研究实验室构想的远程超音速涡轮发动机也在研究范围之中。

如果前期研究进展顺利，美国国家航空航天局愿意为洛克希德公司出资进行相关的验证项目。他们将用验证机进行双模冲压发动机的测试，并尝试找到解决发动机包装和设计热管理系统等问题的解决方案。

"黑鸟之子"的研发计划也因新冠疫情的影响被延迟。在疫情肆虐的当下，很多项目都多少因为疫情的原因而面临着预算和人力资源的减少的问题。

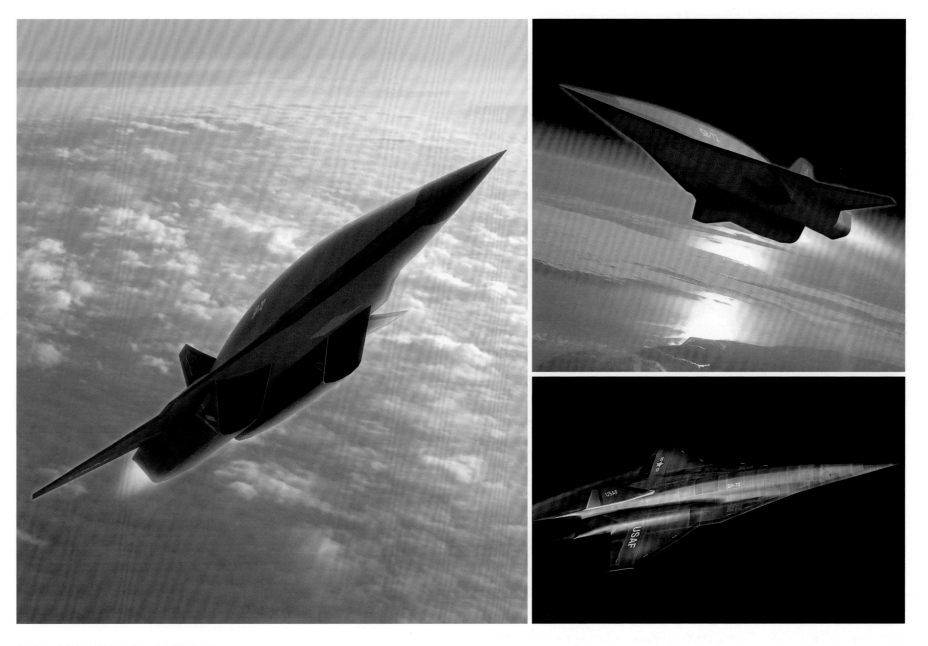

"黑鸟之子"的概念设计图。(图：洛克希德公司)

SR-72 联合循环推进系统

SR-72 的推进系统以基于涡轮的联合循环为中心，它将两台经过改装的战斗机涡轮发动机与双模式冲压发动机相结合，可将飞机从静止直接加速到 6 马赫的速度。当飞行器达到 3 马赫以上的速度后，由冲压发动机接管动力系统。共用进气口可为涡轮发动机和冲压发动机供气，并通过共用喷嘴排放废气。可变进气口和喷嘴斜板可根据循环要求进行开闭。

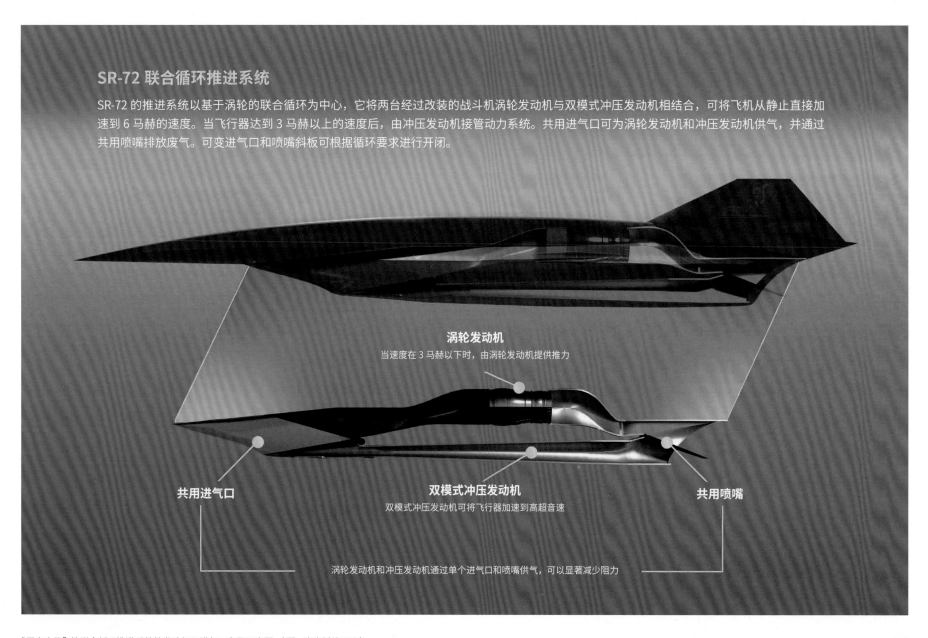

涡轮发动机
当速度在 3 马赫以下时，由涡轮发动机提供推力

共用进气口

双模式冲压发动机
双模式冲压发动机可将飞行器加速到高超音速

共用喷嘴

涡轮发动机和冲压发动机通过单个进气口和喷嘴供气，可以显著减少阻力

"黑鸟之子"的联合循环推进系统的发动机和进气口布局示意图。(图：洛克希德公司)

未来展望

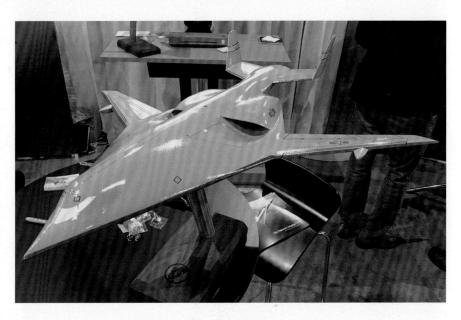

在最近一次航展上展示的"混合翼身"飞机模型。(图：作者收藏)

这两张图片展示了隐形空中加油机的模型。(图：洛克希德公司)

麦克唐纳-道格拉斯公司和通用动力公司合作研发的 A-12"复仇者Ⅱ"战机，是几款飞翼式无尾的第六代战斗机之一。(图：洛克希德公司)

一架搭载了矢量发动机的无尾战斗机，成功击毁了一架无人机。（图：洛克希德公司）

臭鼬工厂早期设计的下一代战斗机。（图：洛克希德公司）

F-35A"闪电Ⅱ"战斗机有望在不久的将来实现无人驾驶。（图：洛克希德公司）

臭鼬工厂的下一代远程轰炸机的缩小比例模型。据悉，该机可以选择有人驾驶或无人驾驶模式。（图：洛克希德公司）

一架无人驾驶战术飞机在执行防空压制任务时，发射了一枚空对地导弹。（图：洛克希德公司）

20世纪80年代早期，美国陆军开始研发"天鹰座"远程遥控无人机时，航空航天界还尚未实现计算机化。当时，"天鹰座"的所有的制作工程都外包给了以色列，但飞机最终未能成功试飞。后来，洛克希德公司又重新研发出了新型"天鹰座"无人机，并成功试飞。（图：美国陆军）

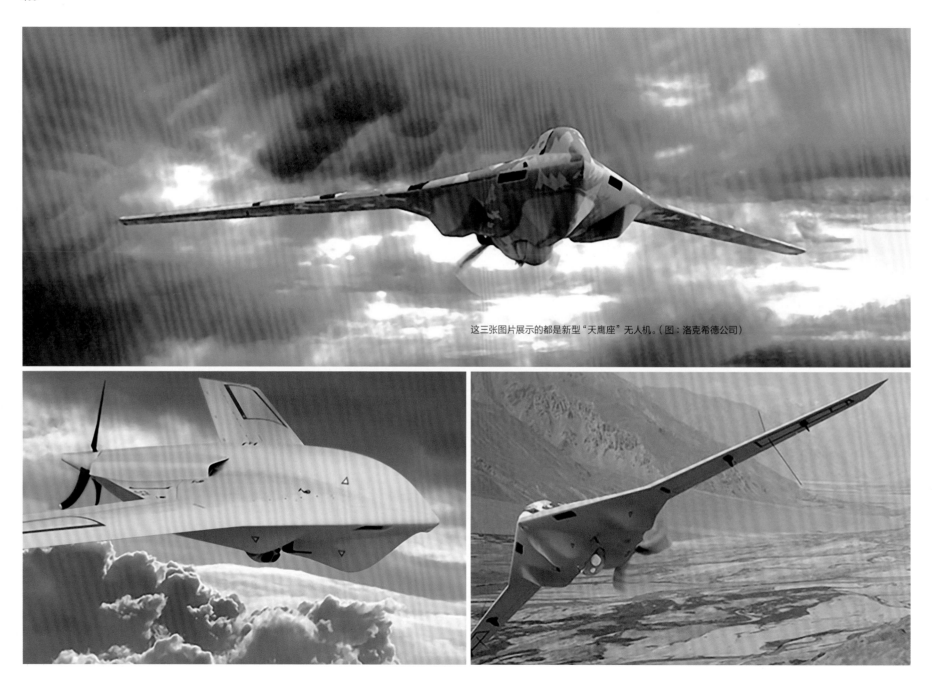

这三张图片展示的都是新型"天鹰座"无人机。（图：洛克希德公司）

致谢

正是见识到克拉伦斯·凯利·约翰逊这位设计天才和他带来的杰作，我才有动力花费50多年时间来研究"黑鸟"的方方面面。

凯利和他带领的员工都才华横溢。如果不是为了加深对这些人的了解，我也终生无法结识他们来拓宽我的眼界。我永远感谢他们。

1964年3月10日，我第一次邂逅了"黑鸟"。要不是当年"黑鸟"曾带给我巨大的感动和震撼，我也不会想到要在这方面做如此之深的研究。

在朋友们的帮助下，我现在甚至拥有了一个关于"黑鸟"的照片文件库，大概除了官方以外，没人比我拥有关于"黑鸟"的更翔实的资料了吧？

对曾参与"黑鸟"的设计、建造、飞行和支持性工作的所有人，我都想郑重地道一声：谢谢！